高等职业教育土建类专业课程改革系列教材

建筑防水工程施工

主　编　石建平

副主编　杨泽华

参　编　张　耿　杨　申　温亮亮　李元吉

主　审　孙国城

机械工业出版社

本书共分6个项目，主要内容包括屋面防水工程施工，厕浴间防水工程施工，地下防水工程施工，建筑外墙防水施工，水池、水塔防水工程施工，安全防护与劳动保护。本书推荐教学学时为20~30学时，各院校可根据实际情况决定内容的取舍。

本书可作为高等职业院校建筑工程技术等相关专业的教材，也可作为从事土建施工、工程管理技术人员的参考书。

图书在版编目（CIP）数据

建筑防水工程施工/石建平主编. —北京：机械工业出版社，2021. 10

高等职业教育土建类专业课程改革系列教材

ISBN 978-7-111-69264-5

Ⅰ. ①建… Ⅱ. ①石… Ⅲ. ①建筑防水-工程施工-高等职业教育-教材 Ⅳ. ①TU761. 1

中国版本图书馆 CIP 数据核字（2021）第 199741 号

机械工业出版社（北京市百万庄大街 22 号　邮政编码 100037）
策划编辑：李　莉　常金锋　责任编辑：常金锋　王莹莹
责任校对：郑　婕　王明欣　封面设计：张　静
责任印制：张　博
涿州市般润文化传播有限公司印刷
2022 年 2 月第 1 版第 1 次印刷
184mm×260mm · 10. 75 印张 · 265 千字
0001—1500 册
标准书号：ISBN 978-7-111-69264-5
定价：39. 00 元

电话服务　　　　　　　　网络服务
客服电话：010-88361066　　机　工　官　网：www. cmpbook. com
　　　　　010-88379833　　机　工　官　博：weibo. com/cmp1952
　　　　　010-68326294　　金　书　网：www. golden-book. com
封底无防伪标均为盗版　　机工教育服务网：www. cmpedu. com

前　言

　　建筑工程是一项与人民生活息息相关的工程，因此加强建筑工程施工管理是十分重要的。在建筑工程施工过程中，施工单位必须注重建筑防水工程的施工管理，只有这样才能有效地提高整个建筑工程的施工质量，才能为人们提供安全、舒适、放心的建筑产品，为人民日益增长的美好生活需求添砖加瓦。

　　本书是以国家、行业颁布的最新防水工程施工规范、施工规程为依据，结合国家有关建筑工程施工职业技能标准编制的，以培养学生职业能力为主的项目式教材。本书编写以培养建筑类高素质技术应用型人才为主线；基本理论以"必需、够用"为度；整个内容强调实践能力和综合应用能力的培养，以面向生产第一线的应用型人才培养为目的。书中语言简明扼要，通俗易懂，以建筑工程现场防水施工过程为导向进行讲述，避免了教科书式的理论阐述。教学内容除了传统的施工方法，还融入了近年来出现的防水新材料、新技术和新工艺，其中选编的案例、实训课题，均来自工程实际，具有较强的针对性和实用性。

　　本书由新疆建设职业技术学院石建平担任主编并统稿，郑州职业技术学院杨泽华担任副主编，新疆建筑设计研究院孙国城担任主审。参与本书编写的有新疆建设职业技术学院张耿、温亮亮，广西金雨伞防水装饰有限公司新疆办事处杨申，青海交通职业技术学院李元吉。

　　本书的编写得到了广西金雨伞防水装饰有限公司新疆办事处杨申主任的大力支持，并提供了大量施工案例素材；新疆建筑设计研究院建筑设计师孙国城、技术顾问张恒业，新疆建筑科学研究院陈向东提供技术指导；新疆华源实业（集团）有限公司齐保才提供技术咨询和现场案例。本书在编写过程中参阅并吸收了大量的文献，在此对文献作者的工作、贡献表示深深的谢意。

编　者

本书二维码清单

序号	名　　称	二维码	序号	名　　称	二维码
1	CPS 防水卷材大面施工工艺		7	CPS 卷材自粘第二道施工	
2	穿过楼板管道节点防水处理		8	地下工程侧墙铺贴	
3	地下工程 CPS 卷材铺贴前基面润湿		9	铺贴橡胶防水卷材	
4	地下工程 CPS 卷材滚铺法		10	侧墙防水	
5	地下工程底板铺贴赶压排气		11	墙面粘贴 SBS 防水卷材	
6	地下工程 CPS 卷材湿铺、接边				

目　录

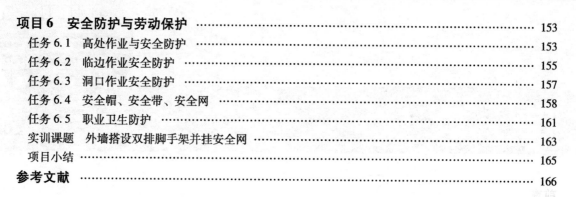

项目1

屋面防水工程施工

预备知识

屋面是建筑物顶部的围护结构,阻挡风吹日晒和雨雪对建筑物的浸蚀,需具有防水、保温、隔热等功能。屋面有平屋面、坡屋面和异形屋面之分,当屋面坡度小于10%时称为平屋面,当屋面坡度大于10%时,则称为坡屋面。坡屋面主要有平瓦屋面、油毡瓦屋面、金属板材屋面等;平屋面主要有卷材防水屋面、涂膜防水屋面、刚性防水屋面、保温隔热屋面等多种,不同地区、类型的建筑物对屋面有不同的要求。

建筑防水:为防止水进入建筑结构内部以及建筑内部而设置的构造层。防水构造层(以下简称:防水层)需能抵抗一定水压,在正常使用条件下具有一定使用年限。

屋面防水工程多采用防水层防水。屋面防水层受大气侵蚀、日照辐射、温度变化等因素的影响,在经过一定时期的正常使用后,即会因老化而失效。在保证施工质量的前提下,屋面防水层能满足正常使用要求的期限(称防水层耐用年限)主要与防水层材料的种类、档次、厚度及防水构造等因素有关。

屋面防水等级和设防要求:屋面防水工程根据建筑物的性质、重要程度、使用功能要求及防水层耐用年限等,将屋面防水分为两个等级,并按不同等级进行设防。屋面防水等级和设防要求应符合表1-1的规定。

表 1-1　屋面防水等级和设防要求

防 水 等 级	建 筑 类 别	设 防 要 求
Ⅰ级	重要建筑和高层建筑	两道防水设防
Ⅱ级	一般建筑	一道防水设防

防水屋面的常用种类:根据材质不同有卷材防水屋面、涂膜防水屋面、瓦材防水屋面和其他防水屋面等。

建筑工程防水按部位可分为:屋面防水、卫生间防水、地下防水、外墙防水等。按其构造做法又可分为:结构自防水和设置在结构表面的外包防水,即外包防水(也叫辅助防水)。

混凝土建筑结构自防水指通过添加减水剂等添加剂和改善施工工艺手段,来减少建筑结构毛细孔、微细裂缝等提高建筑结构密实度,达到阻止一定水压的水及水汽通过的目的,从而使建筑物自身具有防水功能。地下建筑要求建筑结构具有自防水功能,且根据其埋深对抗水压的要求不同,一般要求抗水压不少于P6。

对进场材料的要求：屋面防水工程所采用的防水、保温隔热材料应有产品合格证书和性能检测报告，材料的品种、规格、性能等应符合现行国家产品标准和设计要求。施工时每道工序完成后，要经监理单位检查验收才可进行下道工序的施工。屋面的保温层和防水层严禁在雨天、雪天和五级以上大风情况下施工，温度过低也不宜施工。屋面工程完工后，应对屋面细部构造、接缝、保护层等进行外观检验，并用淋水或蓄水两种方法进行检验。防水层不得有渗漏或积水现象。

任务 1.1　卷材防水屋面施工

导入案例

工程概况：某医院综合病房楼工程，建筑面积 50019m²，地下 1 层、地上 16 层，建筑物檐高 67.04m，基础采用筏片基础，地下室防水采用膨胀混凝土自防水与外贴双层 CPS 反应黏结型高分子湿铺防水卷材相结合，主体为框架—剪力墙体系。屋面做法：现浇钢筋混凝土楼板上铺 60mm 厚聚苯板保温层；1∶6 水泥焦渣找坡层，最薄处 30mm，坡度为 3%；20mm 厚 1∶3 水泥砂浆找平层；采用两道 CPS 反应黏结型高分子湿铺防水卷材，上铺麻刀灰隔离层，面贴缸砖保护。

本工程主体工程施工完毕，施工现场满足屋面防水工程施工要求，图纸通过会审，已编制了屋面工程防水施工方案。防水材料：CPS 反应黏结型高分子湿铺防水卷材及辅助材料等；施工机具准备：排刷、刮板、轧辊、工作面清扫工具等已准备就绪；现场条件：预埋件和伸出屋面的管道、设施已安装完毕、牢固；找平层排水坡度符合设计要求，强度、表面平整度符合规范规定，转角处抹成圆弧形；施工负责人已向班组进行技术交底；现场专业技术人员、质检员、安全员、防水工等已准备就绪。

工作任务

能根据不同的情况制定相应的屋面防水施工方案。

能力目标

能够根据工程特点和工程所在地区气候特点确定屋面卷材防水材料；能够编制屋面防水工程的施工方案；能够对进场材料进行质量检验；能够进行屋面防水施工；能够进行屋面防水工程施工质量控制与验收；能够组织屋面防水工程安全施工。

知识目标

了解卷材防水屋面防水材料的品种、适用范围和质量要求；熟悉卷材防水屋面的构造层次和细部构造；掌握常用卷材防水屋面的施工工艺。

1.1.1　卷材防水屋面的构造

卷材防水屋面分为不保温卷材屋面和保温卷材屋面，构造如图 1-1 所示。

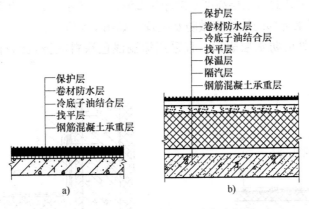

图 1-1　卷材防水屋面构造层次示意图

a) 不保温卷材屋面　b) 保温卷材屋面

（1）檐口　卷材防水屋面檐口 800mm 范围内的卷材应满粘，卷材收头应采用金属压条钉压，并应用密封材料封严。檐口下端应做鹰嘴和滴水槽，如图 1-2 所示。

（2）檐沟和天沟　卷材或涂膜防水屋面（图 1-3）防水构造应符合下列规定：

1）檐沟和天沟的防水层应增设附加层，附加层伸入屋面的宽度不应小于 250mm。

2）檐沟防水层和附加层应由沟底上翻至外侧顶部，卷材收头应用金属压条钉压，并用密封材料封严，涂膜收头应用防水涂料多遍涂刷。

3）檐沟外侧下端应做鹰嘴或滴水槽。

4）檐沟外侧高于屋面结构板时，应设置溢水口。

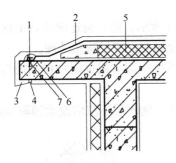

图 1-2　卷材防水屋面檐口

1—密封材料　2—卷材防水层　3—鹰嘴　4—滴水槽
5—保温层　6—金属压条　7—水泥钉

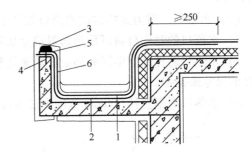

图 1-3　卷材、涂膜防水屋面檐沟

1—防水层　2—附加层　3—密封材料
4—水泥钉　5—金属压条　6—保护层

（3）女儿墙　女儿墙的防水构造应符合下列规定：

1）压顶可采用细石混凝土或金属制品，向内排水坡度不应小于 5%，内侧下端应做滴水处理。

2）女儿墙泛水处的防水层下应增设附加层，附加层在平面和立面上的宽度均不应小于 250mm。

3）低女儿墙泛水处的防水层可直接铺贴或涂刷到压顶下，卷材收头应用金属压条钉压固定，并用密封材料封严；涂膜收头应用防水涂料多遍涂刷，如图 1-4 所示。

4）高女儿墙泛水处的防水层高度不应小于250mm，防水层收头应符合女儿墙防水构造第3）条的规定，泛水上部的墙体应做防水处理，如图1-5所示。

5）女儿墙泛水处的防水层表面，宜采用涂刷浅色涂料或浇筑细石混凝土的方法进行保护。

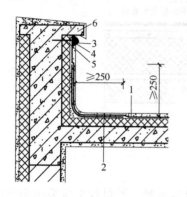
图1-4　低女儿墙
1—防水层　2—附加层　3—密封材料
4—金属压条　5—水泥钉　6—压顶

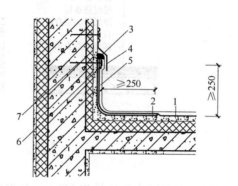
图1-5　高女儿墙
1—防水层　2—附加层　3—密封材料　4—金属盖板
5—保护层　6—金属压条　7—水泥钉

（4）山墙的防水构造　山墙的防水构造应符合下列规定：

1）山墙压顶的材料可采用混凝土或金属制品。压顶应向内排水，坡度应不小于5%，压顶内侧下端应做滴水处理。

2）山墙泛水处的防水层下应增设附加层，附加层在平面和立面上的宽度均应不小于250mm。

（5）水落口　重力式排水的水落口如图1-6和图1-7所示，防水构造应符合下列规定：

1）水落口的制作材料可采用塑料或金属制品，其金属配件应做防锈处理。

2）水落口的杯部应牢固地固定在承重结构上，其埋设标高应根据附加层的厚度及排水坡度的尺寸来确定。

3）水落口周围直径500mm范围内坡度应不小于5%，防水层下应增设涂膜附加层。

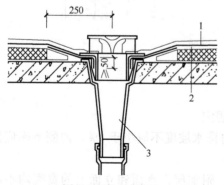
图1-6　直式水落口
1—防水层　2—附加层　3—水落斗

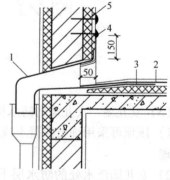
图1-7　横式水落口
1—水落斗　2—防水层　3—附加层
4—密封材料　5—水泥钉

4）防水层和附加层伸入水落口杯内应不小于50mm，并应黏结牢固。

5）虹吸式排水的水落口构造应进行专项设计。

（6）变形缝　变形缝的防水构造应符合下列规定：

1）变形缝泛水处的防水层下应增设附加层，附加层在平面和立面上的宽度应不小于250mm；防水层应铺贴或涂刷至泛水墙的顶部。

2）变形缝内应预填阻燃保温材料，上部应采用防水卷材封盖，并放置衬垫材料，再在其上干铺一层卷材。

3）等高变形缝顶部宜加扣混凝土或金属盖板，如图1-8所示。

4）高低跨变形缝在立墙泛水处，应采用有足够变形能力的材料和构造做密封处理，如图1-9所示。

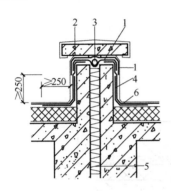

图1-8　等高变形缝

1—卷材封盖　2—混凝土盖板　3—衬垫材料
4—附加层　5—阻燃保温材料　6—防水层

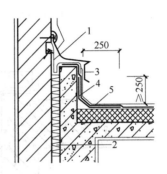

图1-9　高低跨变形缝

1—卷材封盖　2—阻燃保温材料　3—金属盖板
4—附加层　5—防水层

（7）伸出屋面管道　伸出屋面的管道（图1-10），其防水构造应符合下列规定：

1）管道周围的找平层应抹出高度不小于30mm的排水坡。

2）管道泛水处的防水层下应增设附加层，附加层在平面和立面上的宽度应不小于250mm。

3）管道泛水处的防水层泛水高度应不小于250mm。

4）卷材收头应用金属箍紧固并用密封材料封严，涂膜收头应用防水涂料涂刷多遍。

（8）垂直出入口　屋面的垂直出入口泛水处应增加附加层，附加层在平面和立面上的宽度应不小于250mm，防水层收头应在混凝土压顶圈下，如图1-11所示。

（9）水平出入口　屋面的水平出入口泛水处应增设附加层和护墙，附加层在平面上的宽度应不小于250mm；防水层收头应压在混凝土踏步下，如图1-12所示。

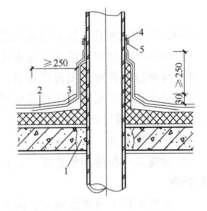

图1-10　伸出屋面的管道

1—细石混凝土　2—卷材防水层　3—附加层
4—密封材料　5—金属箍

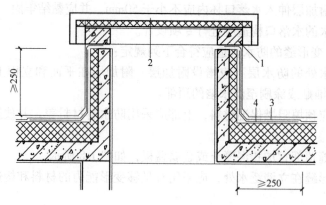

图 1-11 垂直出入口
1—混凝土压顶圈 2—上人孔 3—防水层 4——附加层

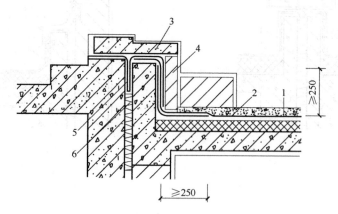

图 1-12 水平出入口
1—防水层 2—附加层 3—踏步 4—护墙 5—防水卷材封盖 6—阻燃保温材料

（10）反梁过水孔 反梁过水孔的构造应符合下列规定：

1）根据排水坡度留设反梁过水孔，图纸上应注明孔底标高。

2）反梁过水孔宜采用预埋管道，其管径不得小于 75mm。

3）过水孔可采用防水涂料或密封材料防水。预埋管道两端周围与混凝土接触处应留凹槽，并用密封材料封严。

（11）设施基座

1）设施基座与结构相连接时，防水层应包裹设施基座的上部，并应在地脚螺栓周围做密封处理。

2）在防水层上放置设施时，防水层下应增设卷材附加层，必要时应在其上浇筑厚度不小于 50mm 的细石混凝土。

1.1.2 使用材料与机具

1. 主要材料

1）屋面工程用防水材料标准见表 1-2。

表 1-2　屋面工程用防水材料标准

类别标准	标准名称	标准编号
改性沥青防水卷材	1. 弹性体改性沥青防水卷材	GB 18242—2008
	2. 塑性体改性沥青防水卷材	GB 18243—2008
	3. 改性沥青聚乙烯胎防水卷材	GB 18967—2009
	4. 带自粘层的防水卷材	GB/T 23260—2009
	5. 自粘聚合物改性沥青防水卷材	GB 23441—2009
	6. 预铺防水卷材	GB/T 23457—2017
高分子防水卷材	1. 聚氯乙烯（PVC）防水卷材	GB 12952—2011
	2. 氯化聚乙烯防水卷材	GB 12593—2003
	3. 高分子防水材料 第1部分：片材	GB/T 18173.1—2012
	4. 预铺防水卷材	GB/T 23457—2017
防水涂料	1. 聚氨酯防水涂料	GB/T 19250—2013
	2. 聚合物水泥防水涂料	GB/T 23445—2009
	3. 水乳型沥青防水涂料	JC/T 408—2005
	4. 聚合物乳液建筑防水涂料	JC/T 864—2008
密封材料	1. 硅铜和改性硅酮建筑密封胶	GB/T 14683—2017
	2. 建筑用硅酮结构密封胶	GB 16776—2005
	3. 建筑防水沥青嵌缝油膏	JC/T 207—2011
	4. 聚氨酯建筑密封胶	JC/T 482—2003
	5. 聚硫建筑密封胶	JC/T 483—2006
	6. 混凝土接缝用建筑密封胶	JC/T 881—2017
	7. 幕墙玻璃接缝用密封胶	JC/T 882—2001
	8. 金属板用建筑密封胶	JC/T 884—2016
瓦	1. 玻纤胎沥青瓦	GB/T 20474—2015
	2. 烧结瓦	GB/T 21149—2019
	3. 混凝土瓦	JC/T 746—2007
配套材料	1. 高分子防水卷材胶粘剂	JC/T 863—2011
	2. 丁基橡胶防水密封胶粘带	JC/T 942—2004
	3. 坡屋面用防水材料 聚合物改性沥青防水垫层	JC/T 1067—2008
	4. 坡屋面用防水材料 自粘聚合物沥青防水垫层	JC/T 1068—2008
	5. 沥青基防水卷材用基层处理剂	JC/T 1069—2008
	6. 自粘聚合物沥青泛水带	JC/T 1070—2008
	7. 种植屋面用耐根穿刺防水卷材	JC/T 1075—2008

2）防水卷材的分类。

防水卷材按主要组成材料分类见表1-3。

表1-3 防水卷材按主要组成材料分类

防水卷材		
高聚物改性沥青防水卷材（玻纤毡、聚酯毡、玻纤增强聚酯毡）		SBS 改性沥青防水卷材
		APP 改性沥青防水卷材
		SBR 改性沥青防水卷材
		自粘型高聚物改性沥青防水卷材
合成高分子防水卷材	硫化橡胶类和非硫化橡胶类	三元乙丙橡胶防水卷材（EPDM）
		氯化聚乙烯防水卷材（CPE）
		氯化聚乙烯—橡胶共混防水卷材（DPBR）
		丁基橡胶防水卷材（ⅡR）
		自粘型合成高分子防水卷材
		蠕变性自粘型高分子防水卷材
		CPS 反应粘结型高分子湿铺防水卷材
	树脂类	氯化聚乙烯橡塑防水卷材
		聚氯乙烯防水卷材（PVC）（有胎基、无胎基）
		热塑性聚烯烃防水卷材（TPO）
		聚乙烯防水卷材（PE、HDPE、LDPE）
		聚乙烯丙纶复合防水卷材

防水卷材按施工方法分类见表1-4。

表1-4 防水卷材按施工方法分类

	施工方法	卷材品种
防水卷材	热熔法	高聚物改性沥青防水卷材
	热熔涂料热粘法	高聚物改性沥青防水卷材
		合成高分子防水卷材
	焊接法	聚氯乙烯防水卷材（PVC）
		热塑性聚烯烃防水卷材（TPO）
		聚乙烯防水卷材（PE）
	冷胶粘剂黏贴法	三元乙丙橡胶防水卷材（EPDM）
		氯化聚乙烯防水卷材（CPE）
		氯化聚乙烯—橡胶共混防水卷材（DPBR）
		氯化聚乙烯橡塑防水卷材
		丁基橡胶防水卷材（ⅡR）
	自粘黏贴法	自粘型改性沥青防水卷材
		自粘型合成高分子防水卷材
		蠕变性自粘型高分子防水卷材

3）高聚物改性沥青防水卷材。高聚物改性沥青防水卷材有以 SBS（苯乙烯-丁二烯-苯乙烯合成橡胶）为代表的弹性体聚合物改性沥青防水卷材，执行标准为《弹性体改性沥青

防水卷材》（GB 18242—2008）；自粘型高聚物改性沥青防水卷材，执行标准为《自粘聚合物改性沥青防水卷材》（GB 23441—2009）；预铺防水卷材，执行标准为《预铺防水卷材》（GB/T 23457—2017）和以 APP（无规聚丙烯合成树脂）为代表的塑性体聚合物改性沥青防水卷材，执行标准为《塑性体改性沥青防水卷材》（GB 18243—2008）。

① SBS 弹性体聚合物改性沥青防水卷材。SBS 是苯乙烯-丁二烯-苯乙烯的英文词头缩写。是以聚酯胎、玻纤胎、聚乙烯膜胎、复合胎等为胎基，浸渍 SBS 改性石油沥青为涂盖材料，再在涂盖材料的上表面以细砂、板岩、塑料薄膜等为面层，可制成不同胎基、不同面层、不同厚度的各种规格的系列防水卷材。按其胎基类型分为聚酯毡（PY）、玻纤毡（G）、玻纤增强聚酯毡（PYG）；按上表面隔离材料类型分为聚乙烯膜（PE）、细砂（S）；按物理性能分为Ⅰ型和Ⅱ型。产品规格如下：

卷材公称宽度为 1000mm；聚酯毡卷材公称厚度为 3mm、4mm、5mm，玻纤毡卷材公称厚度为 3mm、4mm，玻纤增强聚酯毡卷材公称厚度为 5mm；每卷卷材公称面积为 7.5m^2、10m^2、15m^2。

外观质量要求：成卷卷材应卷紧卷齐，端面里进外出不得超过 10mm；成卷卷材在 4～50℃任一产品温度下展开时，在距卷芯 1m 长度外不应有 10mm 以上的裂纹或黏结；胎基应浸透，不应有未被浸渍的条纹；卷材表面必须平整，不允许有孔洞、缺边、裂口和疙瘩，矿物粒料粒度均匀一致并紧密黏附于卷材表面；每卷卷材接头数量不应超过 1 个，较短的一段长度不应小于 1000mm，接头应剪切整齐，并加长 150mm。

SBS 广泛应用于工业与民用建筑的屋面、地下室、卫生间、桥梁、公路、涵洞、停车场、游泳池、蓄水池等建筑工程防水施工，尤其适用于较低气温环境和结构变形复杂的建筑防水工程。

高聚物改性沥青防水卷材主要性能指标见表 1-5。

表 1-5　高聚物改性沥青防水卷材主要性能指标

项　　目		指　　标				
		聚酯毡胎体	玻纤毡胎体	聚乙烯胎体	自粘聚酯胎体	自粘无胎体
可溶物含量/（g/m²）		3mm 厚≥2100 4mm 厚≥2900			2mm 厚≥1300 3mm 厚≥2100	
拉力/（N/50mm）		≥500	纵向≥350	≥200	2mm 厚≥350 3mm 厚≥450	≥150
延伸率（%）		最大拉力时 SBS≥30 APP≥25		断裂时≥120	最大拉力时 ≥30	最大拉力时 ≥200
耐热度（℃，2h）		SBS 卷材 90，APP 卷材 110， 无滑动、流淌、滴落		PEE 卷材 90， 无流淌、起泡	70，无滑动、 流淌、滴落	70，滑动 不超过 2mm
低温柔性/℃		SBS 卷材-20；APP 卷材-7；PEE 卷材-20			-20	
不透水性	压力/MPa	≥0.3	≥0.2	≥0.4	≥0.3	≥0.2
	保持时间/min	≥30				≥120

注：SBS 卷材为弹性体改性沥青防水卷材，APP 卷材为塑性体改性沥青防水卷材，PEE 卷材为改性沥青聚乙烯胎防水卷材。

② APP 塑性体改性沥青防水卷材。APP 是塑料无规聚丙烯的代号。APP 塑性体改性沥青防水卷材是以聚酯毡、玻纤毡、玻纤增强聚酯毡为胎基，以无规聚丙烯（APP）或聚烯烃类聚合物（APAO、APO 等）作石油沥青改性剂，两面覆以隔离材料所制成的一类防水卷材。其品种和规格与 SBS 相同。按其胎基类型分为聚酯胎（PY）和玻纤胎（G）两类；按上表面隔离材料分为聚乙烯膜（PE）、细砂（S）与矿物粒（片）料（M）三种。APP 塑性体改性沥青防水卷材广泛用于工业与民用建筑的屋面和地下防水工程以及道路、桥梁的防水工程，尤其适用于较高气温环境和高湿地区建筑工程防水。

外观质量要求：与 SBS 相同。

4）合成高分子防水卷材。合成高分子防水卷材是以合成橡胶、合成树脂或它们两者的共混体系为基料，加入适量的化学助剂和填充料等，经过橡胶或塑料加工工艺，加工制成的片状可卷曲的卷材，具有拉伸强度和抗撕裂强度高、断裂伸长率大、耐热性和低温柔性好、耐腐蚀、耐老化等优异性能。工程上常用的有三元乙丙橡胶防水卷材、聚氯乙烯防水卷材、氯化聚乙烯防水卷材、氯化聚乙烯-橡胶共混防水卷材等。

合成高分子防水卷材有均质片、复合片、自粘片、异形片和点（条）粘片五种类型，其中前三种每一种又分为硫化橡胶类、非硫化橡胶类、合成树脂类。均质片硫化橡胶类的主要原材料是三元乙丙橡胶、橡塑共混、氯丁橡胶、氯磺化聚乙烯、氯化聚乙烯等；非硫化橡胶类的主要原材料是三元乙丙橡胶、橡塑共混、氯化聚乙烯；合成树脂类的主要原材料是聚氯乙烯、乙烯-醋酸乙烯共聚物、聚乙烯等，乙烯-醋酸乙烯共聚物与改性沥青共混。硫化橡胶类均质片（JL1）最常用，非硫化橡胶类均质片（JF1）用于管根等节点加强部位。

片材的规格尺寸见表 1-6，其允许偏差见表 1-7。合成高分子防水卷材性能指标执行国家标准《高分子防水材料 第 1 部分：片材》（GB/T 18173.1—2012）。

表 1-6　片材的规格尺寸

项目	厚度/mm	宽度/m	长度/m
橡胶类	1.0, 1.2, 1.5, 1.8, 2.0	1.0, 1.1, 1.2	≥20
树脂类	>0.5	1.0, 1.2, 1.5, 2.0, 2.5, 3.0, 4.0, 6.0	

橡胶类片材在每卷 20m 长度内允许有一处接头，且最小块长度≥3m，并应加长 15cm 备作搭接；树脂类片材在每卷至少 20m 长度内不允许有接头；自粘片材及异形片材每卷 10m 长度内不允许有接头。

表 1-7　片材的允许偏差

项目	厚度/mm		宽度	长度
允许偏差	<1.0	≥1.0	±1%	不允许出现负值
	±10%	±5%		

合成高分子防水卷材的外观质量要求：表面应平整，不能有影响使用性能的杂质、机械损伤、折痕及异常黏着等缺陷。在不影响使用的情况下，片材表面缺陷应符合下列规定：

a. 凹痕，其深度不得超过片材厚度的 30%，树脂类片材不得超过 5%；

b. 气泡，其深度不得超过片材厚度的30%，每1m²内不得超过7mm²，树脂类片材不允许有气泡；

c. 异形片材表面应边缘整齐，无裂纹、孔洞、黏连、气泡、疤痕及其他机械损伤缺陷。

合成高分子防水卷材检验批的材料现场抽样数量：大于1000卷抽5卷，每500~1000卷抽4卷，100~499卷抽3卷，100卷以下抽2卷，对抽样进行规格尺寸和外观质量检验。在外观质量检验合格的卷材中，任取一卷作物理性能检验。物理性能检验项目为：断裂拉抻强度、扯断伸长率、低温弯折性、不透水性。

① 三元乙丙橡胶（EPDM）防水卷材。三元乙丙橡胶（EPDM）防水卷材是以乙烯、丙烯和任何一种非共轭二烯烃三种单体共聚合成的以三元乙丙橡胶为主体，掺入适量的丁基橡胶、硫化剂、促进剂、软化剂、补强剂和填充剂，经压延或挤出工艺制成的高分子高档防水材料。三元乙丙橡胶防水卷材分硫化型和非硫化型两种，在《高分子防水材料　第1部分：片材》（GB/T 18173.1—2012）中的代号分别为JL1和JF1。其厚度规格有1.0mm、1.2mm、1.5mm、1.8mm、2.0mm五种，宽度规格有1000mm、1100mm、1200mm三种。每卷长度为20m以上。其物理力学性能见表1-8。

表1-8　三元乙丙橡胶卷材的物理性能

序　号	项　　目		指　标　值	
			JL1	JF1
1	断裂拉伸强度/MPa	常温≥	7.5	4.0
		60℃	2.3	0.8
2	扯断伸长率（%）	常温≥	450	400
		−20℃	200	200
3	撕裂强度/（kN/m）≥		25	18
4	不透水性，20min无渗漏		0.3MPa	0.3MPa
5	低温弯折（℃）≤		−40	−30

三元乙丙橡胶（EPDM）防水卷材具有耐老化性能好、使用寿命长、弹性好、拉伸性能优异、能够较好地适应基层伸缩或开裂变形的需要、耐高低温性能好、能在严寒或酷热环境中长期使用等优点，被广泛用于防水要求较高、耐久年限长的防水工程中。

② 聚氯乙烯（PVC）防水卷材。聚氯乙烯（PVC）防水卷材，是以聚氯乙烯树脂为主体材料，溶液加入适量的增塑剂、改性剂、填充剂、抗氧剂、紫外线吸收剂和其他加工助剂，经过捏合混炼、挤出和压延牵引等工艺制成的一种高档防水卷材。

聚氯乙烯（PVC）防水卷材分均质和复合型两个品种，前者为单一的PVC片材，后者指有纤维毡或纤维织物增强的片材。按产品的组成分为均质卷材（代号H）、带纤维背衬卷材（代号L）、织物内增强卷材（代号P）、玻璃纤维内增强卷材（代号G）和玻璃纤维内增强带纤维背衬卷材（代号GL）。聚氯乙烯防水卷材性能指标执行国家标准《聚氯乙烯防水卷材》（GB 12952—2011）。

其长度规格有15m、20m、25m三种；宽度规格有1m、2m两种；厚度规格有1.2mm、1.5mm、1.8mm、2mm四种。其性能指标见表1-9。

表1-9　聚氯乙烯（PVC）防水卷材性能指标

序 号	项 目			指 标				
				H	L	P	G	GL
1	中间胎基上面树脂层厚度/mm		≥			0.40		
2	拉伸性能	最大拉力/（N/cm）	≥		120	250		120
		拉伸强度/MPa	≥	10.0			10.0	
		最大拉力时伸长率（%）	≥			15		
		断裂伸长率（%）	≥	200	150		200	100
3	热处理尺寸变化率（%）		≤	2.0	1.0	0.5	0.1	0.1
4	低温弯折性			−25℃无裂纹				
5	不透水性			0.3MPa，2h不透水				
6	抗冲击性能			0.5kg·m，不渗水				

聚氯乙烯（PVC）防水卷材具有拉伸强度高、伸长率好、热尺寸变化率低、抗撕裂强度高、可焊性好、耐渗透、耐老化、低温柔性好、有良好的水汽扩散性、价格合理等优点，广泛用于各种工业与民用建筑、构筑物外露或有保护层的工程防水以及地下室、隧道、水库、水池、堤坝等土木工程防水。

③氯化聚乙烯-橡胶共混防水卷材。氯化聚乙烯-橡胶共混防水卷材是以氯化聚乙烯树脂和橡胶共混为主体，加入适量软化剂、防老剂、稳定剂、硫化剂和填充剂，经捏合、混炼、过滤、挤出或压延成型、硫化、检验、包装等工序加工制成的防水卷材。因其具有耐老化性能好、高弹性、耐低温性、高延性、工艺简单、操作方便无环境污染、使用寿命长等优点，广泛用于屋面外露工程防水、非外露用工程防水、地下室防水工程以及桥梁、隧道、地铁、污水池、游泳池、堤坝等土木工程防水。其宽度规格有1.0m、1.1m、1.2m三种，厚度规格有1.0mm、1.2mm、1.5mm、2.0mm四种。每卷长度不小于20m。其物理力学性能见表1-10。

表1-10　氯化聚乙烯-橡胶共混防水卷材物理力学性能

序 号	项 目			指 标	
				S型	N型
1	拉伸强度/MPa		≥	7.0	5.0
2	断裂伸长率（%）		≥	400	250
3	直角形撕裂强度/（kN/m）		≥	24.5	20.0
4	不透水性，30min，不渗漏			0.3MPa	0.2MPa
5	脆性温度/℃		≤	−40	−20
6	热处理尺寸变化率（%）		≤	+1	+2
				−2	−4
7	热老化保持率（80±2℃，168h）	拉伸强度（%）	≥	80	
		断裂伸长率（%）	≥	70	

（续）

序　号	项　目			指　标	
				S 型	N 型
8	粘结剥离强度（卷材与卷材）	kN/m	≥	2.0	
		浸水 168h，保持率（%）	≥	70	
9	臭氧老化（500pphm，40℃×168h，静态）			伸长率 40%，无裂纹	伸长率 20%，无裂纹

④ CPS 反应粘结型高分子湿铺防水卷材。CPS 反应粘结型高分子湿铺防水卷材于 2014 年获得"国家重点新产品"荣誉，同时首次获得中国专利优秀奖。该产品很好地解决了普通防水卷材难以解决的工程防水两大难题：难以与混凝土基面形成长期粘结的界面密封层以杜绝窜水渗漏；难以在潮湿基面施工，难以在结构复杂部位施工，且施工过程不动火、无有害物质排放。

CPS 反应粘结型高分子湿铺防水卷材的构造层次如图 1-13 所示。

a. 材料特点如下。

CPS 反应粘结型高分子湿铺防水卷材能和水泥凝胶或现浇混凝土同步反应，通过化学胶连和物理榫锚的协同作用牢固地粘结到混凝土上，粘结强度大，持久不可逆，受环境影响小，能在混凝土基层形成一层牢固的界面密封反应层，起到涂料防水和卷材防水的双重功效，防止窜水现象发生，适用于潮湿的混凝土层，且有效缩短周期。

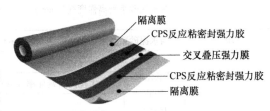

图 1-13　CPS 反应粘结型高分子
湿铺防水卷材的构造层次

（图注：隔离膜、CPS反应粘密封强力胶、交叉叠压强力膜、CPS反应粘密封强力胶、隔离膜）

交叉强力膜作为表面材料是特制的 45° 斜向层压的高密度聚乙烯膜，交叉叠加复合成多层膜结构，具有全方位性、双向耐撕裂性能、高强度和高延展性，是牢固密封的"皮肤式防水层"。

b. 材料种类规格。CPS-CL 反应粘结型高分子防水卷材（单面粘：反应粘密封胶+绿黑交叉强力膜；双面粘：反应粘密封胶+交叉强力膜夹心），有耐根穿刺功能，其厚度有 1.2mm、1.5mm、2.0mm 三种。

c. 材料性能指标。CPS-CL 反应粘结型高分子湿铺防水卷材主要性能指标见表 1-11，CPS 防水密封膏主要技术指标见表 1-12。

表 1-11　CPS-CL 反应粘结型高分子湿铺防水卷材主要性能指标

序　号	项　目			指　标	
				P	
				Ⅰ	Ⅱ
1	拉伸性能	拉力/（N/50mm）	≥	150	200
		最大拉力伸长率（%）	≥	30	150
2	撕裂强度/N			12	25
3	耐热性			70℃，2h 无位移、流淌、滴落	

（续）

序　号	项　目		指　标 P	
			I	II
4	低温柔性/℃		−15	−25
			无裂纹	
5	不透水性		0.3MPa，120min 不透水	
6	卷材与卷材剥离强度/（N/mm）	无处理	1.0	
		热处理	1.0	
7	渗油性/张数　≤		2	
8	持粘性　≥		15	
9	与水泥砂浆剥离强度/（N/mm）　≥	无处理	2.0	
		热老化	1.5	
10	与水泥砂浆浸水后剥离强度（N/mm）　≥		1.5	
11	热老化性（70℃，168h）	拉力保持率（%）　≥	90	
		最大拉力时延伸率（%）　≥	80	
		低温柔性/℃	−13	−23
			无裂纹	
12	热稳定性	外观	无裂纹、滑动、流淌	
		尺寸变化　≤	2.0	
13	耐根穿刺性能		合格	

注：CPS 反应粘结型高分子湿铺防水卷材同样满足以上指标，但不具备耐根穿刺性能。

表 1-12　CPS 防水密封膏主要技术指标

序　号	项　目		指　标	
			I	II
1	固体含量（%）　≥		70	
2	表干时间/h　≤		2	
3	粘结强度/MPa	与水泥砂浆干燥基面≥	0.5 并 100%内聚破坏	0.7 并 100%内聚破坏
		与水泥砂浆潮湿基面≥	0.3 并 100%内聚破坏	0.5 并 100%内聚破坏
4	与水泥同步固化粘结强度/MPa	与素水泥浆	0.5 并 100%内聚破坏	
		与混凝土		
		与水泥砂浆		
5	不透水性		0.3MPa，30min 不透水	
6	低温柔性		−10℃，2h，无裂纹	−20℃，2h，无裂纹
7	耐热性		80℃，5h，无流淌、滑动、滴落，表面无密集气泡	

常见合成高分子防水卷材的特点和使用范围见表 1-13。

表1-13 常见合成高分子防水卷材的特点和使用范围

卷材名称	特 点	使用范围	施工工艺
三元乙丙橡胶防水卷材	防水性能优异,耐候性能好,耐臭氧性、耐化学腐蚀性好,弹性和抗拉强度大,对基层变形开裂的适应性强,质量小,使用温度范围广,寿命长;但价格高,黏结材料尚需配套完善	防水要求较高、防水层耐用年限要求长的工业与民用建筑,单层或复合使用	冷粘法或自粘法施工
丁基橡胶防水卷材	有较好的耐候性、耐油性、抗拉强度和延伸率,耐低温性能稍低于三元乙丙橡胶防水卷材	单层或复合使用,适用于要求较高的防水工程	冷粘法施工
氯化聚乙烯防水卷材	具有良好的耐候性、耐臭氧、耐热老化、耐油、耐化学腐蚀及抗撕裂的性能	单层或复合使用,适用于紫外线强的炎热地区	冷粘法施工
氯磺化聚乙烯防水卷材	延伸率较大,弹性很好,对基层变形开裂的适应性较强,耐高温、低温性能好,耐腐蚀性能优良,难燃性好	适用于有腐蚀介质影响及在寒冷地区的防水工程	冷粘法施工
聚氯乙烯防水卷材	具有较高的拉伸和撕裂强度,延伸率较大,耐老化性能好,原材料丰富,价格便宜,容易黏结	单层或复合使用,适用于外露或有保护层的防水工程	冷粘法施工或热风焊接法施工
氯化聚乙烯-橡胶共混防水卷材	不但具有氯化聚乙烯特有的高强度和优异的耐臭氧、耐老化性能,而且具有橡胶所特有的高弹性、高延性以及良好的低温柔性	单层或复合使用,适用于寒冷地区或变形较大的防水工程	冷粘法施工
三元乙丙橡胶-聚乙烯共混防水卷材	热塑性弹性材料,有良好的耐臭氧和耐老化性能,使用寿命长,低温柔性好,可在负温条件下施工	单层或复合外露防水层,宜在寒冷地区使用	冷粘法施工
CPS反应粘结型高分子湿铺防水卷材	能和水泥凝胶或现浇混凝土同步反应,通过化学胶连和物理榫锚的协同作用牢固地粘结到混凝土上,粘结强度大,持久不可逆,受环境影响小,能在混凝土基层形成一层牢固的界面密封反应层,能起到涂料防水和卷材防水的双重功效,防止窜水现象发生	适用于各种气候条件下潮湿的混凝土层	湿铺法施工

5)对防水材料的要求。

①屋面工程所用的防水、保温材料应有产品合格证书和材料检测报告,材料的品种、规格、性能等必须符合国家现行产品标准和设计要求。产品质量应由经过省级以上建设行政主管部门对其资质认可及质量技术监督部门对其计量认证的质量检测单位进行检测。

②屋面防水工程完工后,应进行观感质量检查和雨后观察或淋水、蓄水实验,不得有渗漏和积水现象。

③保温材料的导热系数、表观密度或干密度、抗压强度或压缩强度、燃烧性能,必须符合设计要求。

④瓦片必须铺置牢固。大风及地震设防地区或屋面坡度大于50%时,应按设计要求采取固定加强措施。

⑤ 防水、保温材料的进场验收：检查质量证明文件；检查验收品种、规格、包装、外观和尺寸等；防水、保温材料的物理性能检验；进场检验报告的全部项目指标均达到技术标准规定方为合格。

⑥ 屋面工程使用的材料应符合国家现行有关标准对材料有害物质限量的规定，不得对周围环境造成污染。

6）防水材料的选择。

① 外露使用的防水层，应选用耐紫外线、耐老化、耐候性好的防水材料。

② 上人层面应选用耐霉变、拉伸强度高的防水材料。

③ 长期处于潮湿环境的屋面，应选用耐腐蚀、耐霉变、耐穿刺、耐长期水浸等性能好的防水材料。

④ 薄壳、装配式结构、钢结构及大跨度建筑屋面，应选用耐候性好、适应变形能力强的防水材料。

⑤ 倒置式屋面应选用适应变形能力强、接缝密封保证率高的防水材料。

⑥ 坡屋面应选用与基层黏结力强、感温性小的防水材料。

⑦ 屋面接缝密封防水，应选用与基材黏结力强和耐候性好、适应位移能力强的密封材料。

⑧ 基层处理剂、胶粘剂和涂料，应符合现行行业标准《建筑防水涂料有害物质限量》（JC 1066—2008）的有关规定。

7）防水材料相容性要求。检查防水材料相容性的项目如下：

① 卷材或涂料与基层处理剂。

② 卷材与胶粘剂或胶粘带。

③ 卷材与卷材复合使用。

④ 卷材与涂料复合使用。

⑤ 密封材料与接缝基材。

在实际施工中除应关注材性相容外，还要考虑工艺相容，如高分子防水卷材与高聚物改性沥青防水卷材复合使用时，沥青卷材施工的明火烘烤会使高分子防水卷材受损。

8）防水卷材检测要求。以高聚物改性沥青防水卷材为例来说明防水卷材检测的要求。

① 检验批：现场抽样数量大于1000卷抽5卷，每500~1000卷抽4卷，100~499卷抽3卷，100卷以下抽2卷，进行规格尺寸和外观质量检验。在外观质量检验合格的卷材中，任取1卷作物理性能检验。

② 外观质量要求：表面平整，边缘整齐，无孔洞、缺边、裂口，胎基未浸透，并检查矿物粒料粒度和每卷卷材的接头。

③ 物理性能检验项目：可溶物含量、拉力、最大拉力时延伸率、耐热度、低温柔度、不透水性。

9）防水卷材的选择要点。

① 防水卷材可按合成高分子防水卷材和高聚物改性沥青防水卷材选用，其外观质量和品种、规格应符合国家现行有关材料标准的规定。

② 应根据当地历年最高气温、最低气温、屋面坡度和使用条件等因素，选择耐热度、低温柔性相适应的卷材。

③ 应根据地基变形程度、结构形式、当地年温差、日温差和震动等因素，选择拉伸性能相适应的卷材。

④ 应根据屋面卷材暴露的程度，选择耐紫外线、耐老化、耐霉变性能相适应的卷材。

⑤ 种植隔热屋面的防水层应选择耐根穿刺防水卷材。

10）密封、背衬材料的选择要点。

① 应根据当地历年最高气温、最低气温、屋面构造特点和使用条件等因素，选择耐热度、低温柔性相适应的密封材料。

② 应根据屋面接缝变形的大小以及接缝的宽度，选择位移能力相适应的密封材料。

③ 应根据屋面接缝黏结性要求，选择与基层材料相容的密封材料。

④ 应根据屋面接缝的暴露程度，选择耐高低温、耐紫外线、耐老化和耐潮湿等性能相适应的密封材料。

⑤ 密封材料的嵌填深度宜为接缝宽度的50%~70%。

⑥ 接缝处的密封材料底部应设置背衬材料，背衬材料尺寸应大于接缝宽度20%，嵌入深度应为密封材料的设计厚度。

⑦ 背衬材料应选择与密封材料不黏结或黏结力弱的材料，并应能适应基层的伸缩变形，同时应具有施工时不变形、复原率高和耐久性好等性能。

11）卷材防水层厚度要求。每道卷材防水层最小厚度应符合表1-14的规定。

表1-14　每道卷材防水层最小厚度　　　　　　　（单位：mm）

防水等级	合成高分子防水卷材	高聚物改性沥青防水卷材		
		聚酯胎、玻纤胎、聚乙烯胎	自粘聚酯胎	自粘无胎
Ⅰ级	1.2	3.0	2.0	1.5
Ⅱ级	1.5	4.0	3.0	2.0

12）附加层设置及要求。建筑物的檐沟、天沟与屋面交接处，屋面平面与立面交接处以及水落口、伸出屋面管道根部等部位，应设置卷材或涂膜附加层；屋面找平层分格缝等部位，宜设置卷材空铺附加层，其空铺宽度不宜小于100mm；附加层最小厚度应符合表1-15的规定。

表1-15　附加层最小厚度　　　　　　　（单位：mm）

附加层材料	最小厚度
合成高分子防水卷材	1.2
高聚物改性沥青防水卷材（聚酯胎）	3.0
高聚物改性沥青防水卷材（高分子膜基类、无胎类）	1.5
合成高分子防水涂料、聚合物水泥防水涂料	1.5
高聚物改性沥青防水涂料	2.0

注：涂膜附加层应夹铺胎体增强材料。

13）防水材料主要性能指标。合成高分子防水卷材主要性能指标应符合表1-16的要求。

表1-16　合成高分子防水卷材主要性能指标

项　目		指标			
		硫化橡胶类	非硫化橡胶类	树酯类	树酯类（复合片）
断裂拉伸强度/MPa		≥6	≥3	≥10	≥60N/10mm
扯断伸长率（%）		≥400	≥200	≥200	≥400
低温弯折/℃		−30	−20	−25	−20
不透水性	压力/MPa	≥0.3	≥0.2	≥0.3	≥0.3
	保持时间/min	≥30			
加热收缩率（%）		<1.2	<2.0	≤2.0	≤2.0
热老化保持率（80℃×168h,%）	断裂拉伸强度	≥80		≥85	≥80
	扯断延伸率	≥70		≥80	≥70

基层处理剂、胶粘剂、胶粘带主要性能指标应符合表1-17的要求。

表1-17　基层处理剂、胶粘剂、胶粘带主要性能指标

项　目	指标			
	沥青基防水卷材用基层处理剂	改性沥青胶粘剂	高分子胶粘剂	双面胶粘带
剥离强度/（N/10mm）	≥8	≥8	≥15	≥6
浸水168h剥离强度保持率（%）	≥8N/10mm	≥8N/10mm	70	70
固体含量（%）	水性≥40 溶剂性≥30			
耐热性	80℃无流淌	80℃无流淌		
低温柔性	0℃无裂纹	0℃无裂纹		

2. 施工使用机具

1）CPS反应粘结型高分子湿铺防水卷材铺贴使用主要工具如下。

橡胶刮板：用于刮涂黏结剂浆料。

钢丝刷：用于清除基层灰浆。

扫把：基面清扫。

搅浆机：水泥浆料配置。

其他工具：小平铲、吸尘器、大铁桶、小铁桶、弹线盒、剪刀、卷尺、铁抹子、铁压辊、手推车等。

2）热熔法施工防水卷材施工机具如下。

长喷枪、短喷枪、燃气罐、橡胶气管、高压吹风机、小平铲、扫帚、钢丝刷、铁桶、长把滚刷、油漆刷、剪刀、壁纸刀、卷尺、钢板尺、弹线盒、手持铁压辊、灭火器等。

3）自粘法施工防水卷材施工机具如下。

滚刷、铁锹、扫帚、吸尘器、手锤、钢凿、抹布、剪刀、卷尺、钢板尺、弹线盒、胶压

辊、灭火器等。

4）冷粘法施工防水卷材施工机具如下。

橡胶刮板、小平铲、扫帚、吸尘器、钢丝刷、大铁桶、小铁桶、弹线盒、剪刀、壁纸刀、卷尺、铁抹子、滚刷、油漆刷、铁压辊、手推车、灭火器等。

5）热风焊接法施工防水卷材施工机具如下。

热风焊机、扫帚、吸尘器、小平铲、小抹子、剪刀、壁纸刀、卷尺、灭火器等。

1.1.3 卷材防水屋面施工过程

1. 施工前准备工作

（1）技术准备　施工前要熟悉图纸，了解设计意图；编制施工方案，明确施工段划分、施工顺序、施工方法、施工进度、操作要点、技术措施、质量标准、安全注意事项；确定施工中的检验程序；做好施工记录；进行技术交底。

（2）材料机具准备　材料机具准备包括防水材料的进场和抽检、配套材料准备，机具进场、试运转等。进场材料要求见 1.1.2 内容。

（3）现场条件准备

1）屋面防水必须由专业人员施工，并持证上岗。

2）铺贴防水层的基层必须坚固、表面清洁平整，用 2m 直尺检查，最大空隙不应大于 5mm，不得有空鼓、开裂、起砂、脱皮等缺陷，空隙只允许平缓变化。阴阳角处应做成半径为 50mm 的圆角。表面的尘土、杂物必须彻底清除干净。

3）基层坡度应符合设计要求，表面应顺平。热熔法、自粘法、冷粘法（用胶粘剂粘结）基层表面必须干燥，含水率应不大于 9%。简易的检测方法是将 1m×1m 卷材或塑料布平铺在基层上，静置 3~4 小时（阳光强烈时静置 1.5~2 小时）后掀开检查，若基层覆盖部位卷材或塑料布上未见水印即可施工，湿铺卷材基面应湿润但无明水即可施工。

4）卷材及配套材料必须验收合格，其规格、技术性能必须符合设计要求及标准的规定。存放易燃材料应避开火源。

5）卷材严禁在雨天、雪天施工，五级风及以上时不得施工，气温低于 0℃时不宜施工。

6）卷材施工若需动用明火，施工前应向公司保卫部门申请动火许可证，获准后才可进行。

2. 施工要点

（1）CPS 反应粘结型高分子湿铺防水卷材施工步骤及基本要求

基本步骤：基层处理→节点密封加强处理→大面积铺贴卷材→养护。

1）湿铺法基层要求。基层表面应坚实、平整、干净、充分湿润无积水，并符合以下条件：

① 管道、排水口等各种构件已安装并固定完毕。

② 清除基层表面垃圾、砂子等杂物，凸出表面的石子、砂浆疙瘩等应清理干净。孔洞用水泥砂浆修补平整，清除排口管壁上的水泥砂浆等附着物。

③ 阴阳角处采用水泥砂浆抹成圆弧，阴角圆弧最小半径为 50mm，阳角圆弧最小半径为 20mm。

④ 基面若有明水，应予以扫除。

2）干铺法基层要求：使用扫把、拖把等将基层表面的垃圾、灰尘清理干净，表面应干燥、无灰尘油污。

（2）防水卷材湿铺法施工工艺及其要点（适用于地下室侧墙、顶板的外防水）

1）基层清理、修补、润湿。对基层表面进行清洁、修补处理，干燥的基面应充分润湿，但不得有明水。

2）节点密封、附加增强层。对节点部位进行加强处理，如管根边、阴阳角、后浇带、变形缝、水落口等处做加强处理；管根边用 CPS 防水密封膏密封。

3）配置水泥浆料。按水泥（普通硅酸盐水泥）：水 = 2：1（重量比）的比例先将水倒入已备好的拌浆桶，再将水泥放入水中，浸泡 15~20min 使其充分浸透后，把桶面多余的水倒掉；在气温高、基面干燥时，加入约为水泥用量 5% 的聚合物建筑胶（保水剂），用电动搅拌机搅拌不少于 5min。

4）弹基准线试铺。根据施工现场状况进行合理定位，确定卷材铺贴方向，在基层弹好卷材控制线。

5）撕开卷材底部隔离膜。卷材试铺后将要铺贴的卷材裁好，反铺于基面上（即底部隔离膜朝上），撕去卷材隔离膜。

6）基层刮涂水泥浆料。基层刮涂 1.5~2.5mm 厚水泥浆料，刮涂应平整，刮涂的宽度宜比卷材的长、短边各宽出 100mm。

7）卷材铺贴。

① 展铺法：卷材对齐定位弹线试铺调整完成后，将卷材对折翻转，在对折处用裁纸刀轻轻划开隔离膜，撕开半边隔离膜后，对卷材与基层涂刷水泥浆料，接着翻转铺贴，同理铺贴另外半幅卷材。

② 滚铺法：把隔离膜轻划开（避免划伤卷材），将卷材沿基准线向前推铺，边撕隔离膜边铺贴。

8）辊压排气。铺贴卷材时用木抹子、橡胶板或辊筒从中间向两边刮压排出空气，使卷材充分满黏于基面上。搭接铺贴下一层卷材时，将位于下层的卷材搭接部位隔离膜揭起，将上层卷材对准搭接控制线平整黏贴在下层卷材上，刮压排出空气，充分满黏。

9）卷材搭接、收头密封。搭接形式有干粘搭接、湿铺搭接和单面粘短边搭接，如图 1-14~图 1-16 所示。

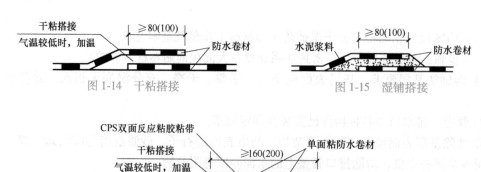

图 1-14　干粘搭接   图 1-15　湿铺搭接

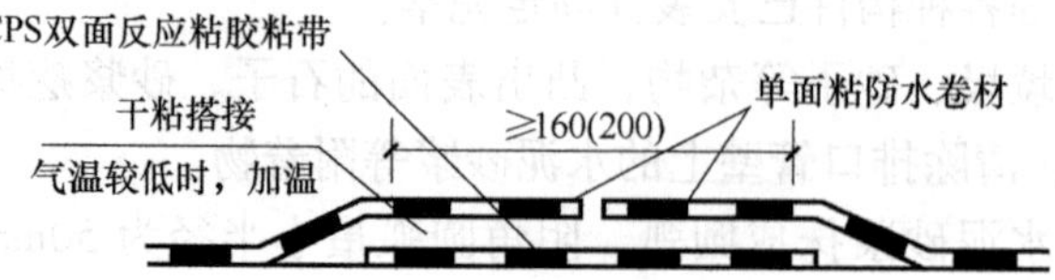

图 1-16　单面粘短边搭接

10）养护。晾放 24~48h（环境温度越高所需时间越短）。高温天气下，防水层不宜暴晒，应用遮阳布或其他物品遮盖。

11）检查修补。检查所有卷材面有无撕裂、刺穿、破损情况，维修时将缺陷部位清理干净，并严格按缺陷部位尺寸再加宽 80mm 重新铺贴卷材。

（3）防水卷材干铺法施工工艺及其要点（适用于室外 5℃ 以下施工作业）

1）基层清理修补。先将基层表面的杂物、灰浆硬块、砂粒、灰尘等完全清扫干净。如基层有孔洞、裂缝或凹凸不平处，宜用 1：2.5 水泥砂浆抹平、压光。检查基层表面平整，无起砂、开裂等缺陷。

2）涂刷节点密封膏。基层处理干净后，分两次涂刷节点密封膏 0.5mm 厚，待密封膏凝结后以下层防水卷材搭接边为铺贴基准线。

3）卷材定位试铺。按长短边搭接错开不小于卷材幅宽 1/3 的原则，进行定位试铺。量取错开距离后，在卷材四周做好铺贴定位标记。

4）卷材铺贴。

① 划开下层卷材隔离膜：用裁纸刀沿防水卷材四周轻轻划开下层卷材隔离膜，避免划伤卷材。

② 撕去卷材隔离膜：将上层防水卷材用纸筒回卷，用裁纸刀将上下层防水卷材隔离膜划开，将下层防水卷材的隔离膜撕剥干净。

③ 卷材滚铺：将上层卷材撬开一段长约 500mm 的隔离膜，将卷材沿基准线向前推进，边撕隔离膜边铺贴。

④ 赶压排气：使用辊筒或橡胶刮板赶压排气，使上下层卷材牢固黏结在一起。

⑤ 卷材搭接：卷材搭接宽度不小于 80mm，相邻两幅搭接应错开 300mm 以上。

⑥ 防水卷材（单面粘）搭接：卷材长边搭接，直接将上下卷材搭接处的隔离膜撕开，使用热风枪加温搭接边；卷材短边的搭接，采用 160mm 宽胶粘盖条加温搭接。搭接形式如图 1-15 和图 1-17 所示。

5）成品保护。

① 卷材铺贴完成后，应做卷材保护层。防水卷材在未做保护层前，不得在防水卷材上进行其他施工作业或直接堆放物品。

② 现场工作人员必须穿软平底鞋，不得穿钉鞋，以免损伤卷材和影响表面质量。

③ 防水层后续施工中，如不慎破坏防水层，应及时报请防水施工单位进行修补。

（4）SBS 弹性体改性沥青防水卷材施工　改性沥青防水卷材的施工方法有热熔法、冷粘法、冷粘法加热熔法、热沥青粘结法等，目前使用较多的是热熔法。

1）热熔法施工工艺流程及施工要点。

① 施工工艺流程：清理基层→喷涂基层处理剂→节点附加增强层施工→定位弹线→试铺→热熔铺贴卷材→热熔封边→节点密封→清理→检查、修整→蓄水试验→保护层施工。

② 施工要点。施工时在找平层上先刷一层基层处理剂（用改性沥青防水涂料稀释后涂刷较好），找平层表面要满涂，以增强卷材与基层的黏结力。

基层处理剂干燥后，先弹出铺贴基准线，卷材的搭接宽度需符合规范要求。

改性沥青卷材屋面防水往往只做一层，所以施工时要特别细心，尤其是节点及复杂部位、卷材与卷材的连接处一定要做好，才能保证不渗漏。大面积铺贴前应先在水落口、管道根部、天沟部位做附加层，附加层可以用卷材剪成合适的形状贴入这些部位，也可以用改性沥青防水涂料加玻纤布处理这些部位。天沟处往往因雨较大或排水不畅造成积水，所以天沟是屋面防水中的薄弱处，铺贴在天沟中的卷材接头越少越好，可将整卷卷材顺天沟方向满黏，接头黏好后再裁 100mm 宽的卷材将接头处加固。

热熔法施工时，火焰加热器的喷嘴距卷材的距离应适中，幅宽内加热应均匀，应以卷材表面熔融至光亮黑色为度，不得过分加热卷材；厚度小于 3mm 的高聚物改性沥青防水卷材，严禁采用热熔法施工；卷材表面沥青热熔后应立即滚铺卷材，滚铺时应排除卷材下面的空气；搭接缝部位宜以溢出热熔的改性沥青胶结料为度，溢出的改性沥青胶结料宽度宜为8mm，并应均匀顺直；当接缝处的卷材上有矿物粒或片料时，应用火焰烘烤并清除干净后再进行热熔和接缝处理；铺贴卷材时应平整顺直，搭接尺寸应准确，不得扭曲。

热熔法铺贴卷材一般以三人一组为宜：一人负责烘烤；一人向前推贴卷材；一人负责滚压、收边及移动液化气瓶。

2）冷粘法施工。改性沥青防水卷材在不能用火的地方以及卷材厚度小于 3mm 时，宜用冷粘法施工。

冷粘法施工质量的关键是胶粘剂的质量。胶粘剂材料要求与沥青相容，剥离强度要大于 8N/10mm，耐热度大于 85℃。若用一般的改性沥青防水涂料做胶粘剂，施工前应先做黏结性能试验。冷粘法施工时对基层的要求比热熔法更高，基层如不平整或起砂就黏不牢。

冷粘法施工时，应先将胶粘剂稀释后在基层上涂刷一层，干燥后即黏贴卷材，不可隔时过久，以免落上灰尘，影响黏贴效果。黏贴时同样先做附加层和复杂部位，然后再大面积粘贴。涂刷胶粘剂时要按卷材长度边涂边贴，涂好后稍晾一会儿让溶剂挥发掉一部分，然后将卷材贴上，溶剂过多卷材会起鼓。卷材与卷材黏结时更应让溶剂多挥发一些，边贴边用压辊将卷材下的空气排出去。要贴得平展，不能有皱褶。有时卷材的边沿并不完全平整，黏贴后边沿会部分翘起来，此时可用重物把边沿压住，待黏牢后再将重物去掉。

改性沥青防水卷材不管用以上哪种方法施工，施工后都要进行仔细检查，卷材与卷材的搭接处、卷材的收头处是检查的重点。屋面铺贴的地方如有起包，要割开排出空气再黏牢。在割开处要另补一块卷材满黏在上面。检验合格后有条件的屋面可做蓄水试验，没有蓄水条件的应做淋水试验。一般蓄水 24 小时，水深 100mm；淋水 2 小时以上，无渗漏即可交工验收。

（5）合成高分子防水卷材施工

1）冷粘法施工。合成高分子防水卷材用冷粘法施工，不仅要求找平层干燥，施工过程中还要尽量减少灰尘的影响，所以在有霜有雾天气时，要等霜雾消失找平层干燥后再施工。卷材铺贴时遇雨、雪应停止施工，并及时将已铺贴的卷材周边用胶粘剂封口保护。夏季夜间施工时，当后半夜找平层上有露水时亦不能施工。

工艺流程：清理基层→涂刷基层处理剂→附加层处理→卷材表面涂胶（晾胶）→基层表面涂胶（晾胶）→卷材的黏结→排气压实→卷材接头黏结（晾胶）→压实→卷材末端收头及封边处理→做保护层。

操作工艺如下。

涂刷基层处理剂：施工前将验收合格的基层重新清扫干净，以免影响卷材与基层的黏结。基层处理剂一般是用低黏度聚氨酯涂膜防水材料，其配合比为甲料：乙料：二甲苯＝1:1.5:3，用电动搅拌器搅拌均匀，再用长把滚刷蘸满处理剂后均匀涂刷在基层表面，不得见白底，待胶完全干燥后即可进行下一工序施工。

复杂部位增强处理：对于阴阳角、水落口、通气孔的根部等复杂部位，应先用聚氨酯涂膜防水材料或常温自硫化的丁基橡胶胶粘带进行增强处理。

涂刷基层胶粘剂：先将氯丁橡胶系胶粘剂（或其他基层黏结剂）的铁桶打开，用手持电动搅拌器搅拌均匀，再进行涂刷。

在卷材表面上涂刷：先将卷材展开摊铺在平整、干净的基层上（靠近铺贴位置），用长柄滚刷蘸满胶粘剂，均匀涂刷在卷材的背面，不要刷得太薄而露底，也不得涂刷过多而聚胶。应注意，搭接缝部位不得涂刷胶粘剂，此部位留作涂刷接缝胶粘剂用。涂刷胶粘剂后，静置10~20min，待手触基本不黏手时，即可将卷材用纸芯卷好，随后进行铺贴。打卷时，要防止砂粒、尘土等异物混入。

在基层表面上涂刷：

① 用长柄滚刷蘸满胶粘剂，均匀涂刷在已基本干燥和洁净的基层处理剂表面。涂刷时要均匀，切忌在一处反复涂刷，以免将底胶"咬起"。涂刷后，干燥10~20min，手触基本不黏手时，即可铺贴卷材。

② 铺贴卷材：操作时，几个人将刷好基层胶粘剂的卷材抬起，翻过来，将一端黏贴在预定部位，然后沿着基准线铺展卷材。铺展时，对卷材不要拉得过紧，每隔一米左右对准基准线黏贴一下，以此顺序对线铺贴卷材。平面与立面相连的卷材，应由下向上铺贴，并使卷材紧贴阴面并压实。

③ 排除空气和滚压：每当铺完一卷卷材后，应立即用松软的长把滚刷从卷材的一端开始朝卷材的横向顺序用力滚压一遍，彻底排除卷材与基层间的空气。排除空气后，卷材平面部位可用外包橡胶的大压辊滚压，使其黏结牢固。滚压时，应从中间向两侧移动，做到排气彻底。如有不能排除的气泡，不要割破卷材排气，可用注射用的针头扎入气泡处进行排气，排除空气后，用密封胶将针眼封闭，以免影响整体防水效果和美观。

④ 卷材接缝黏结：搭接缝是卷材防水工程的薄弱环节，必须精心施工。施工时，首先在搭接部位的上表面，顺边每隔0.5~1m处涂刷少量接缝胶粘剂，待其基本干燥后，将搭接部位的卷材翻开，先做临时固定，然后将配置好的接缝处胶粘剂用油漆刷均匀涂刷在翻开的卷材搭接缝的两个黏结面上，涂胶量一般以0.5~0.8kg/m²为宜。干燥20~30min指触手感不黏时，即可进行黏贴。黏贴时应从一端开始，一边黏贴一边驱除空气，黏贴后要及时用手持压辊按顺序认真地滚压一遍，接缝处不允许有气泡或皱褶存在。遇到三层重叠的接缝处，必须填充密封膏进行封闭，否则将成为渗水路线。

⑤ 卷材末端收头处理：为了防止卷材末端收头和搭接缝边缘的剥落或渗漏，该部位必须用单组分氯磺化聚乙烯或聚氨酯密封膏封闭严密，并在末端收头处用掺有水泥用量20%的108胶水泥砂浆进行压缝隙处理。常见的几种末端收头处理如图1-17所示。防水层完工后应做蓄水试验，其方法与前述相同。合格后方可按设计要求进行保护层施工。

2) 自粘法施工。卷材自粘法施工的操作工艺中，清理基层、涂刷基层处理剂、节点密封等与冷粘法相同。这里仅就卷材铺贴方法作介绍。

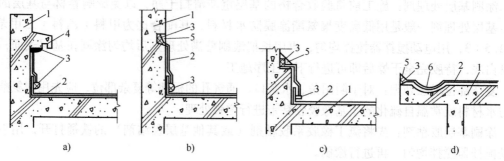

图 1-17　防水卷材末端收头处理

a)、b)、c) 屋面与墙面　d) 檐口

1—混凝土或水泥砂浆找平层　2—高分子防水卷材　3—密封膏嵌填
4—滴水槽　5—108 胶水泥砂浆　6—排水沟

① 滚铺法：当铺贴大面积卷材时，隔离纸容易撕剥，此时宜采用滚铺法，撕剥隔离纸与铺贴卷材同时进行。施工时不要打开整卷卷材，用一根 $\phi30\times1500mm$ 的钢管穿过卷材中间的纸芯筒，然后由两人各持钢管一端，把卷材抬到待铺位置的开始端，并把卷材向前展开500mm 左右，由一人把开始端的 500mm 卷材拉起来，另一人撕剥此部分的隔离纸，将其折成条形（或撕断已剥部分的隔离纸），随后由另外两人各持钢管一端，把卷材抬起（不要太高），对准已弹好的线轻轻摆铺，同时注意长、短方向的搭接，再用手予以压实。待开始端的卷材固定后，撕剥端部隔离纸的工人把折好的隔离纸拉出（如撕断则重新剥开），卷到已用过的包装纸芯筒上，随即缓缓剥开隔离纸，并向前移动，此时抬卷材的两人同时沿基准线向前滚铺卷材。每铺完一幅卷材，即可用长柄滚刷从开始端起彻底排除卷材下面的空气。排完空气后，再用大压辊将卷材压实平整，确保黏结牢固。

② 抬铺法：当待铺部位较复杂，如天沟、泛水、阴阳角或有凸出物的基面，或由于屋面面积较小以及隔离纸不易剥离时（如温度过高、储存保管不好等），就可采用抬铺法施工。

抬铺法是先将要铺贴的卷材剪好，反铺于屋面平面上，待剥去全部隔离纸后，再铺贴卷材。首先应根据屋面形状并考虑卷材搭接长度来剪裁卷材，其次要认真撕剥隔离纸。撕剥时，已剥开的隔离纸宜与黏结面保持 45°~60° 的锐角，防止拉断隔离纸。另外，剥开的隔离纸要放在合适的地方，防止被风吹到卷材胶结面上。剥完隔离纸后，使卷材的黏结胶面朝外，沿卷材长向对折。对折后，分别由两人从卷材的两端配合翻转卷材，翻转时，要一手拎住半幅卷材，另一手缓缓铺放另半幅卷材。在整个铺放过程中，各操作工人要用力均匀、配合默契。待卷材铺贴完成后，应与滚铺法一样，从中间向两边缘处排出空气，再用压辊滚压，使其黏结牢固。

3）热风焊接法施工。热风焊接法是采用热空气焊枪进行合成高分子防水卷材搭接黏合的一种操作工艺。其操作要点如下。

① 细部构造：按屋面规范要求施工，附加层的卷材必须与基层黏结牢固。特殊部位如水落口、排气口、上人孔等均可提前预制成型或在现场制作，然后黏结牢固。

② 大面铺贴卷材：将卷材垂直于屋脊方向由上至下铺贴平整，搭接部位要求尺寸准确，并应排除卷材下面的空气，不得有皱褶现象。采用空铺法铺贴卷材时，在大面积（每 $1m^2$ 有 5 个点采用胶粘剂与基层固定，每点胶粘面积约 $400cm^2$）以及檐口、屋脊和屋面的转角

处及凸出屋面的连接处（宽度不小于800mm）均应用胶粘剂将卷材与基层固定。

③ 搭接缝焊接：卷材长短边搭接缝宽度均为50mm，可采用单道式或双道式焊接，如图1-18所示。焊接前应先将复合无纺布清除，必要时还需用溶剂擦洗；焊接时，焊枪喷出的温度应使卷材热熔后，小压辊能压出熔浆为准，为了保证焊接后卷材表面平整，应先焊长边搭接缝，后焊短边搭接缝。

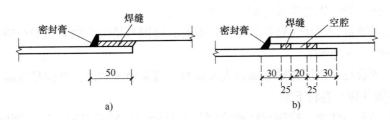

图1-18 卷材搭接缝焊接方法
a）单道缝 b）双道缝

④ 焊缝检查：如采用双道焊缝，可用5号注射针与压力表相连，将钩针扎于两道焊缝的中间，再用打气筒进行充气。当压力表达到0.15MPa时停止充气，如保持压力时间不少于1min，则说明焊接良好；如1min内压力下降，说明有未焊好的地方。这时可用肥皂水涂在焊缝上，若有气泡出现，则应在该处重新用焊枪或电烙铁补焊直到检查不漏气为止。另外，每工作班每台热压焊接机均应取1处试样检查，以便改进操作。

⑤ 机械固定：如不采用胶粘剂固定卷材，则应采用机械固定法。机械固定需沿卷材之间的焊缝进行，间隔600~900mm用冲击钻将卷材与基层钻眼，埋入$\phi60$的塑料膨胀塞，加垫片用自攻螺钉固定，然后在固定点上用$\phi100$~$\phi150$卷材焊接，并将该点密封。也可将上述固定点放在下层卷材的焊缝边，再在上层与下层卷材焊接时将固定点包焊在内部。

⑥ 卷材收头：卷材全部铺贴完毕经试水合格后，收头部位可用铝条（2.5mm×25mm）加钉固定，并用密封膏封闭。如有留槽部位，也可将卷材弯入槽内，加钉固定后，再用密封膏封闭，最后用水泥砂浆抹平封死。

1.1.4 安全、质检与环保

1. 施工安全技术

（1）屋面工程施工安全规定

① 严禁在雨天、雪天和五级及以上大风天气施工。

② 屋面周边和预留孔洞部位必须按临边、洞口防护规定设置安全护栏和安全网。

③ 屋面坡度大于30%时，应采取防滑措施。

④ 施工人员应穿防滑鞋，特殊情况下无可靠安全措施时，操作人员必须系好安全带并扣好保险钩。

（2）屋面工程施工的防火安全规定

① 可燃类防水、保温材料进场后，应远离火源；露天堆放时，应采用不燃材料完全覆盖。

② 防水隔离带施工应与保温材料施工同步进行。

③ 不得直接在可燃类防水、保温材料上进行热熔或热粘法施工。

④ 喷涂硬泡聚氨酯作业时，应避开高温环境；施工工艺、工具及服装等应采取防静电措施。

⑤ 施工作业区应配备消防灭火器材。

⑥ 火源、热源等火灾危险源应加强管理。

⑦ 屋面上需要进行焊接、钻孔等施工作业时，周围环境应采取防火安全措施。

（3）铺贴施工安全规定

① 改性沥青卷材防水层铺贴立面或大坡面时，应采用满贴法，并应尽量减少短边搭接，以利于黏结牢固和防止卷材下滑。

② 根据胶粘剂的性能，控制胶粘剂涂刷与卷材铺贴的间隔时间，以免影响黏结力和黏结的可靠性。

③ 配备足够的消防器材，一般一个气瓶配一个灭火器。

④ 连接石油液化气瓶与喷枪的燃气胶管长度要适当，一般取 20m 左右。点火前，应先关闭喷枪开关，然后旋开燃气瓶开关，检查各连接部位是否有漏气，确认无误后才可点燃喷枪。点火时，必须做到"火等气"，即使用时将火源送至排气口处再打开气阀。

⑤ 石油液化气瓶放置要平稳。夏天高温天气要有防晒措施。

⑥ 不能私自拆调减压阀，不能卧放、倒放石油气瓶。如遇瓶中液化气体不多、压力下降、喷枪火力不足，必须送去专门的换气站换气，不能私自倾倒残液和自行倒气过罐。切忌用喷枪火焰加热，以防爆炸。

⑦ 因喷枪火焰温度极高，在使用过程中持枪人要小心谨慎，严禁火焰头朝人，以免烧伤别人或自己，特别在夏天强烈的阳光下，难以看清火头，在整个施工过程中尤其要牢记。

⑧ 使用时，人员不能离开，做到"枪不离手"，施工中途休息时要关闭喷枪和钢瓶开关，以免火被吹灭后发生漏气事故。每次使用后，必须关闭气瓶放回专门仓库妥善保管。

⑨ 卷材铺贴完后，应及时做好保护层，不得在卷材上拖行任何硬物，不得堆放重物、硬物。

⑩ 做保护层时，运送材料的小车等运输工具必须用充气胶轮。

⑪ 施工人员进入卷材施工地带必须穿软底胶鞋、工作服，戴安全帽、手套等，必要时要准备有关的防毒、防护、安全用具。

⑫ 配备的安全灭火器材要由专人保管、专人维修、定期检查，保证器材的完好率为 100%。

⑬ 严格按照现场的布局划分用火作业区、易燃材料区、生活区，保持防火间距。

⑭ 建立现场明火管理制度。

2. 施工质量标准与检查评价

（1）屋面工程检验批　屋面工程各分项工程应按屋面面积每 500~1000m² 划分为一个检验批，不足 500m² 按一个检验批计。各子分部工程每个检验批的抽检数量见表 1-18。

表 1-18 各子分部工程每个检验批的抽检数量

分部工程	子分部工程	抽 检 数 量
屋面工程	基层与保护	按每 100m² 抽查一处，每处 10m²，且不得少于 3 处
	保温与隔热	按每 100m² 抽查一处，每处 10m²，且不得少于 3 处
	防水与密封	防水工程：按每 100m² 抽查一处，每处 10m²，且不得少于 3 处 接缝密封工程：每 50m 抽查一处，每处 5m，且不得少于 3 处
	瓦面与板面	按每 100m² 抽查一处，每处 10m²，且不得少于 3 处
	细部构造	全数检查

　　屋面工程施工时，应建立各道工序的自检、交接检和专职人员检查的"三检"制度，并应有完整的检查记录。每道工序施工完成后，应经监理单位或建设单位检查验收，合格后才能进行下道工序的施工。

　　当进行下道工序或相邻工程施工时，应对屋面已完成的部分采取保护措施。伸出屋面的管道、设备或预埋件等，应在保温层和防水层施工前安设完毕。屋面保温层和防水层完工后，不得进行凿孔、打洞或重物冲击等有损屋面的作业。

　　（2）卷材防水层质量标准和检验方法　卷材防水层质量标准和检验方法见表 1-19。

表 1-19 卷材防水层质量标准和检验方法

序 号	项 目		质量要求或允许偏差	检 验 方 法
1	主控项目	材料质量	防水卷材及其配套材料的质量，应符合设计要求	检查出厂合格证、质量检验报告和进场检验报告
2		屋面渗漏	卷材防水层不得有渗漏和积水现象	雨后观察或淋水、蓄水试验
3		细部构造	卷材防水层在檐口、檐沟、天沟、水落口、泛水、变形缝和伸出屋面管道的防水构造，应符合设计要求	观察检查
4	一般项目	搭接缝	卷材的搭接缝应黏结或焊接牢固，封闭应严密，不得扭曲、皱褶和起泡	观察检查
5		收头	卷材防水层的收头应与基层黏结，钉压牢固，封闭应严密，不得翘边	观察检查
6		防水层铺贴	卷材防水层的铺贴方向应正确，卷材搭接宽度的允许偏差为 -10mm	观察和尺量检查
7		排气构造	屋面排气构造的排气道应纵横贯通，不得堵塞；排气管应安装牢固，位置应正确，封闭应严密	观察检查

　　（3）接缝密封防水质量标准和检验方法　接缝密封防水质量标准和检验方法见表 1-20。

　　（4）细部构造工程检验方法　细部构造工程各分项工程的每个检验批应全数进行检验。

表1-20 接缝密封防水质量标准和检验方法

序 号	项 目		质量要求或允许偏差	检 验 方 法
1	主控项目	材料质量	密封涂料及其配套材料的质量，应符合设计要求	检查出厂合格证、质量检验报告和进场检验报告
2		密封材料嵌填	应密实、连续、饱满，黏结牢固，不得有气泡、开裂、脱落等缺陷	观察检查
3	一般项目	密封防水部位基层	符合《屋面工程质量验收规范》（GB 50207—2012）6.5.1的规定	观察检查
4		接缝宽度、深度	接缝宽度和密封材料的嵌填深度应符合设计要求，接缝宽度的允许偏差为±10%	尺量检查
5		外观质量	嵌填的密封材料表面应平滑，缝边应顺直，应无明显不平和周边污染现象	观察检查

1）檐口质量标准和检验方法见表1-21。

表1-21 檐口质量标准和检验方法

序 号	项 目		质量要求或允许偏差	检 验 方 法
1	主控项目	防水构造	檐口的防水构造应符合设计要求	观察检查
2		渗漏	檐口部分不得有渗漏或积水现象	雨后观察或淋水试验
3		排水坡度	檐口的排水坡度应符合设计要求	坡度尺检查
4	一般项目	收头	卷材收头应在找平层的凹槽内用金属压条钉压牢固，并应用密封材料封严；涂膜收头应用防水涂料多遍涂刷	观察检查
5		檐口端部	檐口端部应抹聚合物水泥砂浆，其下部应同时做鹰嘴或滴水槽	观察检查

2）檐沟、天沟质量标准和检验方法见表1-22。

表1-22 檐沟、天沟质量标准和检验方法

序 号	项 目		质量要求或允许偏差	检 验 方 法
1	主控项目	防水构造	檐口、天沟的防水构造应符合设计要求	观察检查
2		渗漏	檐口、天沟部位不得有渗漏和积水现象	雨后观察或淋水试验
3		排水坡度	檐口、天沟的排水坡度应符合设计要求	坡度尺检查
4	一般项目	附加层	檐沟、天沟附加层铺设应符合设计要求	观察检查
5		收头	檐沟防水层应由沟底翻上至外侧顶部，卷材的收头应用金属压条钉压固定，并应用密封材料封严；涂膜收头应用防水涂料多遍涂刷	观察检查
6		檐口端部	檐沟外侧顶部及侧面均应抹聚合物水泥砂浆，其下部应做成鹰嘴或滴水槽	观察检查

3）女儿墙和山墙质量标准和检验方法见表1-23。

表1-23 女儿墙和山墙质量标准和检验方法

序 号	项	目	质量要求或允许偏差	检 验 方 法
1	主控项目	防水构造	女儿墙和山墙的防水构造应符合设计要求	观察检查
2		渗漏	女儿墙和山墙的根部不得有渗漏和积水现象	雨后观察或淋水试验
3		压顶做法	女儿墙和山墙的压顶做法应符合设计要求；压顶向内排水坡度不应小于5%，压顶内侧下端应做鹰嘴或滴水槽	观察和坡度尺检查
4	一般项目	附加层	女儿墙和山墙的泛水高度及附加层铺设应符合设计要求	观察和尺量检查
5		收头	低女儿墙泛水处的卷材防水层可直接铺贴或涂刷至压顶下，卷材收头应用金属压条固定，并用密封材料封严；涂膜收头应用防水涂料多遍涂刷。高女儿墙的卷材防水层泛水高度不应小于250mm，泛水上部的墙体应做泛水处理	观察检查

4）水落口质量标准和检验方法见表1-24。

表1-24 水落口质量标准和检验方法

序 号	项	目	质量要求或允许偏差	检 验 方 法
1	主控项目	防水构造	水落口的防水构造应符合设计要求	观察检查
2		渗漏	水落口杯上口应设在沟底最低处，水落口处不得有渗漏和积水现象	雨后观察或淋水试验
3		安装	水落口的数量和位置均应符合设计要求，水落口杯应安装牢固	观察和手扳检查
4	一般项目	坡度	水落口周围直径500mm范围内坡度不应小于5%，水落口周围的附加层铺设应符合设计要求	观察和尺量检查
5		收头	防水层及附加层伸入水落口杯内不应小于50mm，并应黏结牢固	观察和尺量检查

5）变形缝质量标准和检验方法见表1-25。

表1-25 变形缝质量标准和检验方法

序 号	项	目	质量要求或允许偏差	检 验 方 法
1	主控项目	防水构造	变形缝的防水构造应符合设计要求	观察检查
2		渗漏	变形缝处不得有渗漏和积水现象	雨后观察或淋水试验

（续）

序　号	项　　目		质量要求或允许偏差	检　验　方　法
3	一般项目	附加层	变形缝的泛水高度及附加层铺设应符合设计要求	观察和尺量检查
4		防水层	防水层应铺贴或涂刷至泛水墙的顶部	观察检查
5		等高变形缝	等高变形缝顶部宜加扣混凝土或金属盖板。混凝土盖板的接缝应用密封材料封严；金属盖板应铺贴牢固，搭接缝应顺水流方向，并做好防锈处理	观察检查
6		高低跨变形缝	高低跨变形缝在高跨墙面上的防水卷材封盖和金属盖板，应用金属压条钉压牢固，并用密封材料封严	观察检查

6）伸出屋面管道质量标准和检验方法见表 1-26。

表 1-26　伸出屋面管道质量标准和检验方法

序　号	项　　目		质量要求或允许偏差	检　验　方　法
1	主控项目	防水构造	伸出屋面管道的防水构造应符合设计要求	观察检查
2		渗漏	伸出屋面管道的根部不得有渗漏和积水现象	雨后观察或淋水试验
3	一般项目	附加层	伸出屋面管道的泛水高度及附加层铺设应符合设计要求	观察和尺量检查
4		坡度	伸出屋面管道周围的找平层应抹出高度不小于 30mm 的排水坡度	观察和尺量检查
5		收头	卷材防水层收头处应用金属箍固定，并用密封材料封严，涂膜防水层收头处应用防水涂料多遍涂刷	观察检查

（5）检验批质量验收合格规定

① 主控项目的质量应抽查检验合格。

② 一般项目的质量应抽查检验合格；有允许偏差值的项目，其抽查点应有 80% 及以上在允许偏差范围内，且最大偏差值不得超过允许偏差值的 1.5 倍。

（6）屋面工程验收资料和记录　屋面工程验收资料和记录资料项目见表 1-27。

表 1-27　屋面工程验收资料和记录资料项目

资　料　项　目	验　收　资　料
防水设计	设计图纸及会审记录、设计变更通知单和材料代用核定单
施工方案	施工方法、技术措施、质量保证措施
技术交底记录	施工操作要求及注意事项
材料质量证明文件	出厂合格证、型式检验报告、出厂检验报告、进场验收记录和进场检验报告
施工日志	逐日施工情况

（续）

资料项目	验收资料
工程验收记录	工序交接检验记录、检验批质量验收记录、隐蔽工程验收记录、淋水或蓄水试验记录、观感质量检查记录、安全与功能抽样检验（检测）记录
其他技术资料	事故处理报告、技术总结

（7）隐蔽工程验收　隐蔽工程验收的内容如下：

① 卷材、涂膜防水层的基层。

② 保温层的隔气和排气措施。

③ 保温层的铺贴设计方式、厚度，板材缝隙填充质量及热桥部位的保温措施。

④ 接缝的密封处理。

⑤ 瓦材与基层的固定措施。

⑥ 檐沟、天沟、泛水、水落口和变形缝等细部做法。

⑦ 在屋面易开裂和渗水部位的附加层。

⑧ 保护层与卷材、涂膜防水层之间的隔离层。

⑨ 金属板材与基层的固定和板缝间的密封处理。

⑩ 坡度较大时，防止卷材和保温层下滑的措施。

屋面卷材防水工程施工完毕后，先由施工班组自行按照屋面卷材防水施工质量验收规范进行质量检查和验收，然后各班组之间进行互检，并提交验收表格，最后由工程技术人员组织各班组进行验收。

3. 环保要求及措施

施工现场管理应当清洁无尘、无污染、无积水、低噪声、绿色、环保，主要有以下环保要求及措施：

① 加强环保意识，合理安排作业时间，尽量减少人为的施工噪声，通过严格管理，最大限度地减少噪声扰民。

② 对在施工中产生的垃圾，如包装纸、塑料桶、基层清理的垃圾等，应立即回收，送至垃圾站。

③ 施工垃圾、生活垃圾分类存放，生活垃圾应分袋装，严禁乱扔垃圾、杂物；及时清运垃圾，保持生活区的干净、整洁；严禁在工地上燃烧垃圾。

④ 对废料、旧料做到每日清理回收，现场施工垃圾设专车及时清运。

⑤ 施工现场保持道路畅通，保证排水沟和排水设施通畅。

1.1.5　卷材防水屋面工程质量通病与防治

（1）找平层排水坡度不符合设计要求　找平层的排水坡度应符合设计要求。平屋面采用结构找坡不应小于3%，采用材料找坡宜为2%；天沟、檐沟纵向找坡不应小于1%，沟底水落差不得超过200mm。

（2）水泥砂浆找平层上出现不规则裂缝　水泥砂浆找平层分格缝的宽度应合适，一般应小于10mm。当分格缝兼作排气屋面的排气管道时，宜加宽到20mm，并且与保温层相连通；对于设有保温层的屋面，可在保温材料上设置35~40mm厚的C20细石混凝土找平层，并且找平层内还应配置双向间距 200mm 的钢丝网片；对于装配式钢筋混凝土结构屋面，施工时可先用细石混凝土将板缝灌注密实，然后在板缝表面嵌填深约 20mm 的密封材料。

（3）找平层表面水泥砂浆成片脱落或起皮、起鼓现象　水泥砂浆施工前，应先将基层清扫干净，并充分湿润。在初凝前，还应用铁抹子进行二次压实和收光。施工完成后，应及时覆盖并浇水养护，养护时间宜为 7~10d。

（4）松散材料保温层厚薄不一致　铺摊松散材料时，应分层铺设。大面积铺摊时，可先用木龙骨或预制条块作分格条进行分隔铺设。水泥砂浆找平层施工时，要在松散材料上放置钢丝筛，然后在上面均匀摊铺砂浆并用抹子刮平，最后取出钢丝筛并抹平压光。

（5）板状保温层铺设不平整　施工前，严格检查保温板块的质量，要求其表面平整、厚度一致。同时，将基层表面清扫干净，并检查基层的平整度是否符合要求。

（6）板状材料保温层施工过程中板块黏结不牢　黏贴施工时，要在基面上满刮胶结材料，后将板块黏牢铺平压实，表面平整，板与板之间接缝要满涂胶结材料。当采用水泥砂浆黏贴时，板间缝隙采用保温灰浆填实并勾缝。保温灰浆的配合比为 1∶1∶10（水泥∶石灰膏∶同类保温材料碎粒，体积比）。

（7）SBS 改性沥青卷材基层潮湿　防水层作业前必须对基层（找平层）进行全面检查。找平层强度、顺水坡度、表面压实抹光程度必须符合要求，找平层与突出屋面结构的连接处及转角处都应做成圆弧形，基面干燥，分格缝已按工艺规程设置，排气屋面已按要求设置排气孔并将排气管安装牢固，保持畅通，具备排气功能。如果找平层不合格或达不到要求，必须重新处理至合格。施工前清除杂物，打扫干净。

（8）SBS 改性沥青卷材涂刷基层处理剂涂刷不均匀

1）基层处理剂可选用水溶型或溶剂型 SBS 改性沥青基面处理剂、氯丁胶乳改性沥青胶粘剂或乳化沥青、冷底子油等。

2）基层处理剂在使用前应充分搅拌，涂刷时应均匀涂（滚）刷，不得漏刷露底，无堆积流淌。基层处理剂实干后方能进行防水卷材作业。

（9）SBS 改性沥青卷材铺贴方向错误

1）铺贴方向。卷材的铺贴方向应根据屋面坡度和屋面是否振动来确定。当屋面坡度小于 3% 时，卷材宜平行于屋脊铺贴；屋面坡度在 3%~15% 时，卷材可平行或垂直于屋脊铺贴；屋面坡度大于 15% 或受振动时，沥青卷材、高聚物改性沥青卷材应垂直于屋脊铺贴。上下层卷材不得相互垂直铺贴，屋面坡度大于 25% 时，卷材宜垂直屋脊方向铺贴，并应采取固定措施，固定点还应密封。

2）施工顺序。防水层施工时，应先做好节点、附加层和屋面排水比较集中部位（如屋面与水落口连接处，檐口、天沟、檐沟、屋面转角处、板端缝等）的处理，然后由屋面最低标高处向上施工。铺贴天沟、檐沟卷材时，宜顺天沟、檐沟方向，减少搭接。

铺贴多跨和有高低跨的屋面时，应按先高后低、先远后近的顺序进行。

大面积屋面施工时，为提高工效和加强管理，可根据面积大小、屋面形状、施工工艺顺序、人员数量等因素划分流水施工段。施工段的界线宜设在屋脊、天沟、变形缝等处。

（10）SBS 改性沥青卷材搭接位置不符合要求　铺贴卷材上下层及相邻两幅卷材的搭接缝应错开。平行于屋脊的搭接缝应顺水流方向搭接；垂直于屋脊的搭接缝应顺年最大频率风向（主导风向）搭接。

1）叠层铺设的各层卷材，在天沟与屋面的连接处应采用叉接法搭接，搭接缝应错开，接缝宜留在屋面或天沟侧面，不宜留在沟底。

2）坡度超过25%的拱形屋面和天窗下的坡面上，应尽量避免短边搭接。当必须短边搭接时，在搭接处应采取防止卷材下滑的措施，如预留凹槽，卷材嵌入凹槽并用压条固定密封。

3）高聚物改性沥青卷材和合成高分子卷材的搭接缝宜用与它材性相容的密封材料封严。

任务1.2 涂膜防水屋面施工

导入案例

某工程为多层办公楼，中部主楼7层，两翼附楼6层。主楼长43.2m、宽12.4m，屋面为非上人屋面，在两山墙上有门，直通附楼。附楼楼顶为上人屋面，屋面面积共1072m²，屋顶平面形式为矩形。屋面结构层为平屋顶，现浇钢筋混凝土楼盖，上为100mm厚的水泥珍珠岩预制保温板，抹25mm厚的水泥砂浆找平层，屋面防水等级为Ⅱ级，采用2mm厚聚氨酯涂膜防水层，要求防水层耐用年限为10年。在主楼聚氨酯防水层上铺撒云母保护层，在附楼聚氨酯防水层上铺红色彩釉地砖面层。

本工程主体工程施工完毕，施工现场满足屋面防水工程施工要求。屋面工程图纸已会审，编制了屋面工程的施工方案。防水材料：聚氨酯涂膜防水涂料、CPS防水密封膏及相应辅助材料等。现场条件：预埋件已安装完毕、牢固。找平层排水坡度符合设计要求，强度、表面平整度符合规范规定，转角处抹成了圆弧形。施工负责人已向班组进行技术交底。现场专业技术人员、质检员、安全员、防水工等准备就绪。

工作任务

能根据不同的具体情况制定相应的涂膜防水屋面施工方案。

能力目标

熟悉涂膜防水屋面施工，并能够描述常见防水涂料的种类特点及适用范围；能够编制涂膜防水屋面的施工方案；能够对进场材料进行质量检验；能够组织涂膜防水屋面施工；能够对涂膜防水屋面施工质量进行检查与验收；能够组织屋面防水工程安全施工。

知识目标

了解常用涂膜防水材料的品种、适用范围和质量要求；熟悉涂膜防水屋面的构造层次和细部构造；掌握常用涂膜防水屋面施工工艺。

1.2.1 涂膜防水屋面的构造

在屋面基层上涂刷防水涂料，经固化后形成具有一定厚度的弹性整体涂膜层的柔性防水屋面。这种屋面具有施工操作简便、无污染、冷操作、无接缝、能适应复杂基层、防水性能好、温度适应性强、容易修补等优点，其构造层次如图 1-19 所示。涂膜防水屋面檐口的涂膜收头，应用防水涂料多遍涂刷。檐口下端应做鹰嘴和滴水槽，如图 1-20 所示。

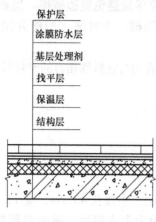

图 1-19　涂膜防水屋面构造

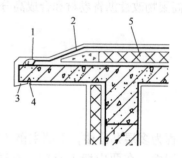

图 1-20　涂膜防水屋面檐口
1—涂料多遍涂刷　2—涂膜防水层
3—鹰嘴　4—滴水槽　5—保护层

1.2.2　使用材料与机具

1. 主要材料

（1）防水涂料　防水涂料是一种流态或半流态物质，涂布在基层表面，经溶剂或水分挥发，或各组分间的化学反应，形成有一定弹性和一定厚度的连续薄膜，使表面与基层结构隔绝，起到防水、防潮的作用。

防水涂料的种类与品种较多，防水涂料按液态类型可分为溶剂型、水乳型和反应型三种；按成膜物质的主要成分可分为沥青类、高聚物改性沥青类和合成高分子类。其分类和常用的品种见表 1-28。

表 1-28　防水涂料的分类和常用品种

防水涂料名称		分　类	常　用　品　种
防水涂料	沥青基防水涂料	溶剂型	沥青涂料等
		水乳型	石灰膏乳化沥青
			水性石棉沥青
			膨润土乳化沥青
	高聚物改性沥青防水涂料	溶剂型	氯丁橡胶乳化沥青
			再生橡胶乳化沥青
			SBS 改性沥青防水涂料
		水乳型	水乳型氯丁橡胶沥青类
			水乳型再生橡胶沥青类

（续）

防水涂料名称		分　类		常用品种	
防水涂料	合成高分子防水涂料	合成树脂类	单组分型（挥发型）	聚合物乳液建筑防水涂料	
				水乳型PVC防水涂料	
			双组分型（反应型）	环氧树脂	
		橡胶类有机无机复合类	单组分型双组分型	溶剂型	氯硫聚乙烯橡胶氯丁橡胶类
				水乳型	氯丁胶乳丁苯胶乳硅橡胶防水涂料
				反应型	单组分聚氨酯类
				聚氨酯类（反应型）聚硫橡胶类聚合物水泥复合防水涂料	

防水涂料的选择规定：防水涂料可按合成高分子防水涂料、聚合物水泥防水涂料和高聚物改性沥青防水涂料进行选用，其外观质量和品种、型号应符合国家现行有关材料标准的规定；应根据当地历年最高气温、最低气温、屋面坡度和使用条件等因素，选择耐热性、低温柔性相适应的涂料；应根据地基变形程度、结构形式、当地年温差、日温差和振动等因素，选择拉伸性能相适应的涂料；应根据屋面涂膜的暴露程度，选择耐紫外线、耐老化相适应的涂料；屋面坡度大于25%时，应选择成膜时间较短的涂料。

1）高聚物改性沥青防水涂料。高聚物改性沥青防水涂料是用再生橡胶、合成橡胶、SBS或树脂对沥青进行改性制成的溶剂型或水乳型涂膜防水材料，具有高温不流淌、低温不脆裂、耐老化、增强延伸率和黏结力强等性能，能够显著提高防水涂料的物理性能。其品种有氯丁橡胶沥青防水涂料（水乳型和溶剂型两类）、再生橡胶沥青防水涂料（水乳型和溶剂型两类）、SBS改性沥青防水涂料等。

高聚物改性沥青防水涂料检验要求：材料现场抽样数量每10t为一批，不足10t按一批抽样。

外观质量：水乳型要求无色差、凝胶、结块、明显沥青丝，溶剂型要求黑色黏稠状、细腻、均匀胶状液体。

物理性能检验项目：固体含量、耐热性、低温柔性、不透水性、断裂伸长率或抗裂性。

高聚物改性沥青防水涂料的主要性能指标应符合表1-29的要求，每道涂膜防水层最小厚度应符合表1-30的规定。

表1-29　高聚物改性沥青防水涂料的主要性能指标

项　目	指　标	
	水乳型	溶剂型
固体含量（%）	≥45	≥48
耐热度（80℃，5h）	无流淌、起泡、滑动	
低温柔性（℃，2h）	−15，无裂纹	

（续）

项　　目		指　　标	
		水乳型	溶剂型
不透水性	压力/MPa	≥0.1	≥0.2
	保持时间/min	≥30	
断裂伸长率（%）		≥600	
抗裂性/mm			基层裂缝0.3mm，涂膜无裂纹

表1-30　每道涂膜防水层最小厚度　　　　（单位：mm）

防水等级	合成高分子防水涂膜	聚合物水泥防水涂膜	高聚物改性沥青防水涂膜
Ⅰ级	1.5	1.5	2.0
Ⅱ级	2.0	2.0	3.0

2）合成高分子防水涂料。合成高分子防水涂料是以合成橡胶或合成树脂为主要成膜物质，加入其他辅料配制而成的单组分或多组分防水涂料。具有高弹性、延性好、抗拉强度和抗撕裂强度高，耐酸、耐碱、耐腐蚀等性能，有聚氨酯防水涂料、丙烯酸酯防水涂料、硅橡胶防水涂料、聚合物水泥防水涂料等品种。

合成高分子防水涂料检验批：材料现场抽样数量，每10t为一批，不足10t按一批抽样。

外观质量：反应固化型要求呈均匀黏稠状，无凝胶、结块；挥发固化型要求经搅拌无结块，呈均匀状态。

物理性能检验项目要求：固体含量、拉伸强度、断裂伸长率、低温柔性、不透水性。

合成高分子防水涂料的主要性能指标应符合表1-31和表1-32的要求。

表1-31　合成高分子防水涂料（反应固化型）的主要性能指标

项　　目		指　　标	
		Ⅰ型	Ⅱ型
固体含量（%）		单组分≥85；多组分≥92	
拉伸强度/MPa		≥2.0	≥6.0
断裂伸长率（%）		≥500	≥450
低温柔性（℃，2h）		-35，无裂纹	
不透水性	压力/MPa	≥0.3	
	保持时间/min	≥120	

注：产品按拉伸性能分Ⅰ型和Ⅱ型。

表1-32　合成高分子防水涂料（挥发固化型）的主要性能指标

项　　目	指　　标
固体含量（%）	≥65
拉伸强度/MPa	≥1.5
断裂伸长率（%）	≥300

(续)

项　目		指　标
低温柔性（℃，2h）		−20，无裂纹
不透水性	压力/MPa	≥0.3
	保持时间/min	≥30

聚氨酯防水涂料执行国家标准《聚氨酯防水涂料》（GB/T 19250—2013）。

① 聚氨酯防水涂料。聚氨酯防水涂料有双组分反应固化型和单组分湿固化型。双组分聚氨酯防水涂料中，甲组分为聚氨酯预聚体，乙组分为含有催化剂、交联剂、固化剂、填料、助剂等的固化组分。现场将甲、乙组分按规定配比混合均匀，涂覆后经固化反应形成高弹性膜层。单组分有沥青基的、溶剂型纯聚氨酯的、纯聚氨酯以水为稀释剂的等。

聚氨酯防水涂料适用于屋面、地下室、厕浴间、游泳池、铁路、桥梁、公路、隧道、涵洞等防水工程。

② 丙烯酸酯防水涂料。丙烯酸酯防水涂料是以丙烯酸乳酸为基料，掺加合成橡胶乳液改性剂、表面活性剂、增塑剂、成膜助剂、防霉剂、颜料及填料而制成的一种水乳型、无毒、无味、无污染的单组分建筑防水涂料。

丙烯酸弹性防水涂料可在潮湿或干燥的混凝土、砖石、木材、石膏板、泡沫板等基面上直接涂刷施工，还适用于新旧建筑物及构筑物的屋面、墙面、室内、卫生间等部位以及非长期浸水环境下的地下工程、隧道、桥梁等防水工程。

③ 硅橡胶防水涂料。硅橡胶防水涂料是以硅橡胶乳液及其他乳液的复合物为主要基料，掺入无机填料（如碳酸钙、滑石粉等）及各种助剂（如酯类增塑剂、消泡剂等）配制而成的乳液型防水涂料。其适应基层变形能力强，能渗入基层与基底黏结牢固；修补方便，凡在施工遗漏或出现被损伤处可直接涂刷。适用于地下室、卫生间、屋面及各类贮水、输水构筑物的防水、防渗工程以及渗漏工程修补。

④ 聚合物水泥防水涂料。聚合物水泥防水涂料也称 JS 复合防水涂料，是近年来发展较快、应用范围广的新型建筑防水涂料。是由有机液体料（如聚丙烯酸酯、聚醋酸乙烯乳液及各种添加剂组成）和无机粉料（如高铝高铁水泥、石英粉及各种添加剂组成）复合而成的双组分防水涂料，是一种具有有机材料弹性高又有无机材料耐久性好等优点的新型防水材料，涂覆后可形成高强坚韧的防水涂膜，可在潮湿或干燥的各种基面上直接施工，用于各种新旧建筑物及构筑物防水工程，如屋面、外墙、地下工程、隧道、桥梁、水库等。

（2）胎体增强材料　屋面防水的薄弱部位（如天沟、檐沟、檐口、泛水等），是最容易产生渗漏的部位，必须在涂膜防水层中加设胎体增强材料的附加层，可在基层发生龟裂时，防止防水涂膜破裂或蠕变破裂，同时还可以防止涂膜流坠。大面积铺贴胎体增强材料时，在屋面坡度大于15%的基层，胎体增强材料可垂直于屋脊铺设，顺风搭接，以防止胎体增强材料下滑。顺风搭接时，长边的搭接宽度应不小于50mm，短边的搭接宽度不得小于70mm；采用两层胎体增强材料时，由于胎体材料的纵、横向延伸率不一致，所以上下层不得互相垂直铺设，以便使整体防水层有一致的延伸率。搭接缝应错开，其间距应大于幅宽的1/3，以避免重缝。铺贴时，应从屋面标高最低处的檐沟、檐口、天沟、女儿墙根部逐渐铺向屋面标高最高处的屋脊。

胎体增强材料的主要性能指标应符合表 1-33 的要求。

表 1-33 胎体增强材料的主要性能指标

项　　目		指　　标	
		聚酯无纺布	化纤无纺布
外观		均匀，无团状，平整无皱褶	
拉力/（N/50mm）	纵向	≥150	≥45
	横向	≥100	≥35
延伸率（%）	纵向	≥10	≥20
	横向	≥20	≥25

基层处理剂、胶粘剂、胶粘带主要性能指标应符合表 1-34 的要求。

表 1-34　基层处理剂、胶粘剂、胶粘带主要性能指标

项　　目	指　　标			
	沥青基防水卷材用基层处理剂	改性沥青胶粘剂	高分子胶粘剂	双面胶粘剂
剥离强度/（N/10mm）	≥8	≥8	≥15	≥6
浸水 168h 剥离强度保持率（%）	≥8N/10mm	≥8N/10mm	70	70
固体含量（%）	水性 40 溶剂性≥30			
耐热性	80℃无流淌	80℃无流淌		
低温柔性	0℃无裂纹	0℃无裂纹		

2. 主要机具

涂膜防水屋面施工的主要施工机具见表 1-35。

表 1-35　涂膜防水屋面施工的主要施工机具

类　　型	名　　称
配料工具	搅拌器、容器桶、开罐刀、磅秤等
清理工具	扫帚、小平铲、钢丝刷、抹布等
涂刷工具	卷尺、盒尺、剪刀、毛刷、滚刷、刮板、喷涂机械、铁抹子等
防护工具	工作服、安全帽、墨镜、手套、口罩、灭火器等

1.2.3　涂膜防水屋面施工过程

1. 施工前准备工作

（1）技术准备

① 熟悉并会审图纸，了解、掌握设计意图，收集有关该品种涂膜防水的有关资料。

② 编制防水工程施工方案。

③ 向操作人员进行技术交底或培训。

④ 确定质量目标和检验要求。

⑤ 提出施工记录的内容要求。

（2）材料机具准备　材料机具准备包括防水材料的进场和抽检、配套材料准备，机具进场、试运转等。进场材料要求见1.2.2内容。

（3）现场条件准备

① 基层施工时必须保证坡度符合设计要求。

② 基层平整度和表面质量必须符合《屋面工程质量验收规范》（GB 50207—2012）第6.3.8条要求。

③ 屋面板侧壁及板端缝应清理干净，在这些板缝中浇筑的细石混凝土应浇捣密实，板端缝中嵌填的密封材料应黏结牢固、封闭严密。基层与凸出屋面结构的连接处以及基层的转角处等，均应做成圆弧，其半径不应小于50mm。

④ 雨天、雪天严禁施工。溶剂型涂料施工气温宜为-35～-5℃，水乳型涂料施工气温宜为5～35℃，五级及以上大风天气不得施工。

2. 施工要点

（1）涂膜防水屋面施工质量要求　涂膜防水层与基层应黏结牢固，表面平整，涂刷均匀，无流淌、皱褶、脱皮、起鼓、裂缝、鼓泡、露胎体和翘边等缺陷。

涂膜防水施工应按"先高后低、先远后近"的原则进行。高低跨屋面一般先涂刷高跨屋面，后涂刷低跨屋面；同一屋面要合理安排施工段，先涂刷雨水口、檐口等薄弱环节，再进行大面积涂刷；节点部位需铺设胎体增强材料。

（2）涂膜防水屋面施工工艺　涂膜防水施工操作方法有抹压法、涂刷法、涂刮法、机械喷涂法等。具体工艺流程如下：

1）清理基层。先用铲刀、扫帚等工具将基层表面的凸出物、砂浆疙瘩等异物铲除，并将尘土杂物彻底清扫干净。对凹凸不平处，应用高强度等级水泥砂浆修补顺平，对阴阳角、管根、地漏和水落口等部位更应认真清理。

2）涂料的调配。涂膜防水材料的配制：按照生产厂家指定的比例分别称取适量的液料和粉料，配料时把粉料慢慢倒入液料中并充分搅拌，搅拌时间不少于10min，至无气泡为止。搅拌时不得加水或混入上次搅拌的残液及其他杂质。配好的涂料必须在厂家规定的时间内用完。

3）涂膜施工方法。

① 涂刷底层涂料：将已搅拌好的底层涂料用长板刷或圆形滚刷滚动涂刷，涂刷要横竖交叉进行，达到均匀、厚度一致、不漏底的标准，待涂层干燥后再进行下道工序。

② 细部附加层增强处理：对预制天沟、檐沟与屋面交界处，应增加一层涂有聚合物水泥防水涂料的胎体增强材料作为附加层。檐口处、压顶下收头处应多遍涂刷封严，或用密封材料封严。

③ 涂刷下层涂料：需待底层涂料干燥后方可涂刷。

④ 涂刷中层涂料：需待下层涂料干燥后方可涂刷。

⑤ 涂刷面层涂料：待中层涂料干燥后，用滚刷均匀涂刷。可多刷一遍或几遍，直至达到设计规定的涂膜厚度。

4）每层涂刷完约 4 小时后涂料可固结成膜，此后可进行下一层涂刷。为消除屋面因温度变化产生的胀缩，应在涂刷第二层涂膜后铺无纺布，同时涂刷第三层涂膜。无纺布的搭接宽度应不小于 100mm。屋面防水涂料的涂刷不得少于五遍，涂膜厚度不应小于 1.5mm。

5）聚合物水泥防水涂料与卷材复合使用时，涂膜防水层宜放在下面；涂膜与刚性防水材料复合使用时，刚性防水层放在上面，涂膜放在下面。

6）防水层完工后应做蓄水试验，蓄水 24 小时无渗漏为合格。坡屋面可做淋水试验，淋水 2 小时无渗漏为合格。

7）保护层。涂膜防水作为屋面面层时不宜采用着色剂保护层，一般应铺面砖等刚性保护层。

1.2.4 安全、质检与环保

1. 施工安全技术

由于防水涂料易燃并含有一定的毒性，因此必须采取必要的措施，防止发生火灾、中毒等事故。

① 施工前应进行安全技术交底工作，施工操作过程应符合安全技术规定。

② 患皮肤病、支气管疾病、结核病、眼病以及对沥青、橡胶刺激过敏的人员，不得参加操作。

③ 按有关规定配备劳保用品，合理使用。接触有毒材料时，需佩戴口罩并加强通风。在通风不良的部位进行含有挥发性溶剂的涂料施工时，宜采用人工通风措施。

④ 操作时注意风向，防止下风方位操作人员中毒、受伤。

⑤ 防水涂料和黏结剂多为易燃易爆产品，在仓库或现场存放和运输过程中应严禁烟火、高温和暴晒。现场应配有禁烟火标志，并配备足够的灭火器具。

⑥ 高空作业人员不得过分集中，必要时应系安全带。

⑦ 屋面施工时，不允许穿带钉子鞋的人员进入，施工人员不得踩踏未固化的防水涂膜。

⑧ 材料堆放应离开基坑边 1m 以外，重物应放置在边坡安全距离以外。

2. 施工质量标准与检查评价

（1）涂膜防水层质量标准和检验方法 涂膜防水层质量标准和检验方法见表 1-36。复合防水层质量标准和检验方法见表 1-37。

表 1-36 涂膜防水层质量标准和检验方法

序号	项目		质量要求或允许偏差	检验方法
1	主控项目	材料质量	防水涂料和胎体增强材料的质量应符合设计要求	检查出厂合格证、质量检验报告和进场检验报告
2		屋面渗漏	涂膜防水层不得有渗漏和积水现象	雨后观察或淋水、蓄水试验
3		细部构造	涂膜防水层在檐口、檐沟、天沟、水落口、泛水、变形缝和伸出屋面管道的防水构造，应符合设计要求	观察检查
4		涂膜厚度	涂膜防水层的平均厚度应符合设计要求，且最小厚度不得小于设计厚度的 80%	针测法或取样量测

（续）

序　号	项　　目		质量要求或允许偏差	检 验 方 法
5	一般项目	防水层涂布	涂膜防水层与基层应黏结牢固，表面应平整，涂布应均匀，不得有流淌、皱褶、起泡和露胎体等缺陷	观察检查
6		收头	涂膜防水层的收头应用防水涂料多遍涂刷	观察检查
7		胎体增强材料	胎体增强材料应平整顺直，搭接尺寸应准确，应排除气泡，并与涂料黏结牢固，胎体增强材料搭接宽度的允许偏差为−10mm	观察和尺量检查

表 1-37　复合防水层质量标准和检验方法

序　号	项　　目		质量要求或允许偏差	检 验 方 法
1	主控项目	材料质量	防水涂料及其配套材料的质量应符合设计要求	检查出厂合格证、质量检验报告和进场检验报告
2		屋面渗漏	复合防水层不得有渗漏和积水现象	雨后观察或淋水、蓄水试验
3		细部构造	复合防水层在檐口、檐沟、天沟、水落口、泛水、变形缝和伸出屋面管道的防水构造，应符合设计要求	观察检查
4	一般项目	防水层涂布	卷材与涂膜应黏结牢固，不得有空鼓和分层现象	观察检查
5		厚度	复合防水层的总厚度应符合设计要求	针测法或取样量测

（2）接缝密封防水施工质量要求

1）密封防水部位的基层施工。

① 基层应牢固，表面应平整、密实，不得有裂缝、蜂窝、麻面、起皮和起砂等现象。

② 基层应清洁、干燥，应无油污、灰尘。

③ 嵌入的背衬材料与接缝壁间不得留有空隙。

④ 密封防水部位的基层宜涂刷基层处理剂，涂刷应均匀，不得漏涂。

2）改性沥青密封材料防水施工。

① 采用冷嵌法施工时，宜分次将密封材料嵌填在缝内，并应防止裹入空气。

② 采用热灌法施工时，应由下向上进行，并宜减少接头；密封材料熬制及浇灌温度，应按不同材料要求严格控制。

3）合成高分子密封材料防水施工。

① 单组分密封材料可直接使用；多组分密封材料应根据规定的比例准确计量，并应拌和均匀；每次拌和量、拌和时间和拌和温度，应按所用密封材料的要求严格控制。

② 采用挤出枪嵌填时，应根据接缝的宽度选用口径合适的挤出嘴，均匀挤出密封材料嵌填，并应从底部逐渐充满整个接缝。

③ 密封材料嵌填后，应在密封材料表面干前用腻子刀嵌填修整。

（3）施工质量标准与检查评价　应按照住房和城乡建设部提出的"验评分离、强化验收、完善手段、过程控制"十六字方针，并采取相应措施来加强防水工程施工质量控制。施工单位必须按照工程设计图纸和施工技术标准施工，不得擅自修改工程设计，不得偷工减料。按工程设计图纸施工，是保证工程实现设计意图的前提。屋面防水工程施工应符合《屋面工程施工质量验收规范》（GB 50207—2012）的相关规定。

防水涂料和胎体增强材料必须符合设计要求，严禁出现渗漏和积水现象，对薄弱部位均应进行防水增强处理，细部防水构造施工必须符合设计要求，涂膜防水层的厚度不应小于设计厚度的80%。与基层应黏结牢固并涂刷均匀，应全部进行检查，以确保防水工程的质量。

涂膜防水工程的施工，应建立各道工序的自检、交接检和专职人员检查的"三检"制度，并有完整的检查记录。未经建设（监理）单位对上道工序的检查确认，不得进行下道工序的施工。涂膜防水工程验收的文件和记录体现了施工全过程控制，必须做到真实、准确且不得有涂改和伪造，各级负责人签字后生效。

屋面涂膜防水工程施工完毕后，先由施工班组自行按照屋面涂膜防水施工质量验收规范进行质量检查和验收，然后各班组之间进行互检，并提交验收表格，最后由工程技术人员组织各班组进行验收。

3. 环保要求及措施

① 采取合理措施，保护防水工程施工工作面的环境。

② 施工时使用的砂浆要求是预拌砂浆或是将提前拌好的砂浆运至现场，施工用的白灰（块）不得使用袋灰。

③ 铲平原防水层时，用专门的吸尘器吸尘，防止污染环境。

④ 严格按照国家及政府颁布的有关环境保护、文明施工及有关施工扰民、噪声控制的规定进行施工。

⑤ 保证在施工期间，现场的气体散发、地面排水及排污不超过法律或规章规定的数值。

⑥ 任何情况下，在永久工程和临时工程中均不得使用任何对人体或环境有害的材料。

⑦ 屋面防水涂膜施工现场严禁吸烟。

⑧ 应及时清理施工区域的垃圾，严禁乱扔垃圾、杂物，保持生活区的干净、整洁，严禁在工地上燃烧垃圾。

⑨ 位于施工现场外的食堂和宿舍应严格执行当地卫生防疫有关规定，采取必要措施防止蚊蝇、老鼠、蟑螂等疾病传染源的孳生和疾病流行。

⑩ 保护所有公共财产（包括现有道路、树木、公共设施等），免受防水施工引起的损坏。

⑪ 在运输材料或废料、机具过程中严格执行当地人民政府关于禁止车辆运输泄漏遗撒的规定，车辆进出现场禁止鸣笛。

⑫ 材料、构件、料具等堆放时，应悬挂包括名称、品种、规格等内容的标牌。

⑬ 认真做到"工完、料尽、场清"，及时清理现场，保持施工工地整洁。

⑭ 落实施工扰民与民扰措施。

1.2.5 涂膜防水屋面工程质量通病与防治

① 施工人员将水乳型防水涂料中掺入自来水稀释。水乳型防水涂料可用掺有 0.2%~0.5%乳化剂的水溶液或软化水稀释，其用量比例一般为防水涂料：乳化剂水溶液（或软化水）=1：（0.5~1）。如无软化水可用冷开水代替，切忌加入一般天然水或自来水。

② 涂布基层处理剂涂刷不均匀。配制底胶时，将聚氨酯甲料与专供底涂用的乙料按（1：4）~（1：3）的比例（质量比）配合搅拌均匀，或用甲、乙组分和二甲苯按 1：1.5：2 的比例（质量比）混合后用电动搅拌器搅拌均匀。涂刷时，用长把滚刷蘸满已搅拌均匀的基层处理剂，均匀有序地涂布在找平层上，滚刷的行走要顺一个方向，涂布均匀即可，切不可成交叉状反复涂刷，以免先涂刷的底胶渗入基层后黏性增加，后续涂刷时，将找平层表皮的砂浆黏起，影响找平层的平整。阴阳角、水落口、管道根部等细部构造部位可用油漆刷仔细涂刷。用机械喷涂时，可成"十"字交叉喷涂，前后方向喷涂后再进行左右方向的喷涂，避免单方向喷涂后，另一方向基层的毛细微孔缺少底胶。涂布要均匀，不得出现漏涂现象。底胶涂布后需干燥 4~24h，才能进行下一道工序的施工。

③ 涂布防水附加层出现空鼓现象。配制聚氨酯防水涂料时，采用甲料：乙料=1：1.5 或甲料：乙料：二甲苯=1：1.5：0.3 的比例混于搅拌桶中，并用电动搅拌器搅拌，搅拌 5min 以后即可进行使用，现场配制后宜在 2h 内用完。将搅拌好的聚氨酯防水涂料盛于小油漆桶，用于胎体增强材料、密封材料，在水落口、天沟、变形缝、泛水等细部构造部位可用铁皮小刮板涂刮或小油漆刷涂刷，待涂层基本干燥后，再在其表面涂布第二遍附加涂层，并立即铺贴已裁剪好的胎体增强材料。为使胎体增强材料铺贴得匀称平坦、无空鼓和皱褶现象，应用小油漆刷用力摊刷平整，使其与涂层黏结紧密，然后静置固化成带胎体增强材料的附加防水层。

任务 1.3 细石混凝土保护层施工

导入案例

某工程由主楼和裙房组成，主楼地下 2 层，地上 21 层，裙房 3 层。主楼屋面为平屋面，屋面工程量约为 1200m²，长、宽分别为 60m、20m。主楼屋面防水层采用涂料防水，保温层采用板块状材料现贴，40mm 厚细石混凝土做保护层，主楼屋面防水等级为 Ⅱ 级。裙房屋面为平屋面，防水层采用卷材防水，保温层采用板块状材料现贴，40mm 厚细石混凝土做保护层，工程量为 900m²，长、宽分别为 30m、30m，防水等级为 Ⅱ 级。主楼与裙房间设置变形缝，均设置屋面檐沟。

本工程主楼和裙房主体工程施工完毕，施工现场满足屋面防水工程施工要求。屋面工程图纸通过会审，防水施工方案编制完毕。防水材料：聚氨酯涂膜防水涂料、CPS 防水密封膏及相应辅助材料等。现场条件：预埋件已安装完毕，牢固。找平层排水坡度符合设计要求，强度、表面平整度符合规范规定，转角处抹成了圆弧形。施工负责人已向班组进行了技术交底。现场专业技术人员、质检员、安全员、防水工等准备就绪。

 工作任务

能根据不同的具体情况制定防水屋面施工方案，并组织施工。

 能力目标

熟悉细石混凝土材料配制的要求；能够对进场材料进行质量检验；能够组织细石混凝土保护层施工；能够对细石混凝土保护层施工质量进行检查与验收；能够组织细石混凝土保护层安全施工，能够分析常见细石混凝土保护层施工质量问题，并能提出有针对性的处理措施。

 知识目标

了解细石混凝土保护层的材料要求；熟悉细石混凝土保护层的构造层次和细部构造；掌握细石混凝土保护层施工工艺及质量标准。

1.3.1 细石混凝土保护层构造

屋面在防水层上设置细石混凝土保护层的构造，如图 1-21 所示。细石混凝土保护层的混凝土应密实，表面抹平压光，并留设分格缝，分格面积不大于 36m²。

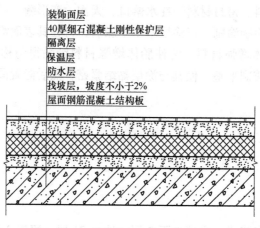

装饰面层
40厚细石混凝土刚性保护层
隔离层
保温层
防水层
找坡层，坡度不小于2%
屋面钢筋混凝土结构板

图 1-21 细石混凝土保护层的屋面构造

1.3.2 使用材料与机具

1. 主要材料

主要使用材料为防水混凝土。防水混凝土是以调整混凝土的配合比、掺外加剂或使用新品种水泥等方法提高自身的密实性、憎水性和抗渗性，使其满足抗渗压力大于 0.6MPa 的不透水性混凝土。防水混凝土一般可分为普通防水混凝土、外加剂防水混凝土和膨胀水泥防水混凝土三大类，防水混凝土主要用于水工工程、地下基础工程和屋面防水工程。

2. 主要机具

细石混凝土屋面施工主要施工机具见表 1-38。

表 1-38　细石混凝土屋面施工主要施工机具

类　型	名　称
拌和机具	混凝土搅拌机、砂浆搅拌机等
运输机具	手推车、卷扬机、龙门架、井架、塔式起重机等
混凝土浇筑工具	铁锹、刮板、平板振动器、滚筒、木抹子、铁抹子、水准仪等
钢筋加工机具	钢筋调直机、钢筋切断机、钢筋成形机等
铺防水粉工具	筛子、裁纸刀、木压板、刮板、灰桶、灰刀等
灌缝工具	钢丝刷、吹尘器、毛刷、扫帚、水桶、铁锤、斧子、鸭嘴桶、油膏枪等
其他	分格缝木条、木工锯等

1.3.3　细石混凝土保护层施工过程

1. 施工前准备工作

（1）技术准备

1）施工前技术管理人员应学习和了解设计图纸，进行图纸会审，编制施工方案，确定技术措施，建立质量检验和质量保证体系，并对人员进行调整和培训。

2）施工前技术负责人应向班组进行技术交底，内容包括施工部位、构造层次、施工顺序、施工工艺、质量标准、保证质量的技术措施、成品保护措施及安全注意事项等。

（2）材料机具准备

1）材料准备。根据本案例屋面防水工程量，提出主要防水材料需用量计划。

① 混凝土材料：按设计要求备齐水泥、砂子、石子及外加剂等。各种材料应按工程需要量一次备足，保证混凝土连续一次浇筑完成。

② 钢筋按设计要求准备，如设计无特殊要求，可采用乙级冷拔低碳钢丝，直径 4mm。钢丝使用前调直。

③ 嵌缝材料。宜采用改性沥青基防水密封材料或合成高分子防水密封材料，也可采用其他油膏或胶泥。北方地区应选用抗冻性较好的嵌缝材料。

2）设备、机具和工具。细石混凝土保护层主要施工设备和工具见表 1-38。施工前应检查所有设备和机具是否完好。

（3）现场条件准备　施工现场条件准备包括材料堆放场所和每天运到工作面上的施工材料临时堆放场地的准备、现场工作面的清理等内容。

① 现场堆放场地应选择能遮雨雪、无热源的仓库，按材料品种分别堆放。

② 对易燃材料应挂牌标明，严禁烟火。

2. 施工要点

为防止涂料过快老化，涂膜防水层应设置保护层。保护层材料可采用细石混凝土、云母、蛭石、补偿收缩混凝土、块体、浅色涂料、水泥砂浆或块料等。

（1）细石混凝土保护层施工工艺　由细石混凝土或掺入减水剂、防水剂等外加剂的细石混凝土浇筑面组成的保护层即为普通细石混凝土保护层。细石混凝土保护层一般是在柔性防水层上浇筑一层厚度不小于 40mm 的细石混凝土。

细石混凝土保护层施工工艺流程：隔离层施工→绑扎钢筋→安装分格缝板条和边模→浇筑防水层混凝土→混凝土表面压光→混凝土养护→分格缝清理→涂刷基层处理剂→嵌填密封

材料→密封材料保护层施工。

（2）防水混凝土施工要点

① 细石混凝土强度等级不小于C20，其水灰比和掺和料的用量、砂率以及灰砂比应符合施工验收规范要求。

② 细石混凝土防水层中的钢筋网片，施工时应放置在混凝土的中上部。

③ 分格条安装位置应准确，起条时不得损坏分格缝处的混凝土；当采用切割施工时，分割缝的切割深度宜为防水层厚度的3/4。

④ 普通细石混凝土中掺入减水剂、防水剂，应准确计量，投料顺序得当，搅拌均匀。

⑤ 混凝土搅拌时间不应少于2min，混凝土运输过程中应防止漏浆和离析；每个分格板块的混凝土应一次浇筑完毕，不得留施工缝；抹压时不得在表面洒水、加水泥浆或撒干水泥，混凝土收水后应进行二次压光。

⑥ 防水层的节点施工应符合设计要求。预留孔洞和预埋件位置应准确；安装管件后，其周围应按设计要求嵌填密实。

⑦ 混凝土浇筑后应及时进行养护，养护时间不宜少于14d；养护初期屋面不得上人。

1.3.4　安全、质检与环保

1. 施工安全技术

屋面细石混凝土施工是在高空条件下进行的，必须采取必要的措施，防止发生伤人、坠落等事故。

① 施工前应进行安全技术交底工作，施工操作过程应符合安全技术规定。

② 操作人员应按有关规定配备劳保用品，合理使用。接触有毒材料时，需佩戴口罩并加强通风。

③ 高空作业人员不得过分集中，必要时应系安全带。

④ 屋面施工时，不允许穿带钉子鞋的人员进入，施工人员不得踩踏未固化的防水层材料。

⑤ 屋面四周、洞口、脚手架边均应设有防护栏和支设安全网，严防高空作业人员发生坠物伤人和坠落事故。

⑥ 材料堆放应离开基坑边1m以上，重物应放置在边坡安全距离以外。

2. 施工质量标准与检查评价

（1）保护层施工质量标准与检查评价　块体材料、水泥砂浆或细石混凝土保护层与女儿墙和山墙之间，应预留宽度为30mm的缝隙，缝内宜填塞聚苯乙烯泡沫塑料，并应用密封材料嵌填密实。保护层质量标准和检验方法见表1-39。

表1-39　保护层质量标准和检验方法

序　号	项　目		质量要求或允许偏差	检验方法
1	主控项目	材料质量	保护层所用材料的质量及配合比，应符合设计要求	检查出厂合格证、质量检验报告和计量措施
2		材料强度等级	块体材料、水泥砂浆或细石混凝土保护层的强度等级，应符合设计要求	检查块体材料、水泥砂浆或细石混凝土抗压强度试验报告
3		排水坡度	保护层的排水坡度，应符合设计要求	坡度尺检查

（续）

序　号	项　　目		质量要求或允许偏差	检 验 方 法
4	一般项目	表面干净、接缝平整、无空鼓	块体材料保护层表面应干净，接缝应平整，周边应顺直，镶嵌应正确，无空鼓现象	小锤轻击和观察检查
5		裂纹、脱皮、麻面、起砂	水泥砂浆或细石混凝土保护层不得有裂纹、脱皮、麻面和起砂等现象	观察检查
6		外观质量	浅色涂料应与防水层黏接牢固，厚薄应均匀，不得漏涂	观察检查

保护层的允许偏差和检验方法应符合表1-40的规定。

表 1-40　保护层的允许偏差和检验方法

项　　目	允许偏差/mm			检验方法
	块体材料	水泥砂浆	细石混凝土	
表面平整度	4.0	4.0	5.0	2mm靠尺和塞尺检查
缝格平直	3.0	3.0	3.0	拉线和尺量检查
接缝高低差	1.5			直尺和塞尺检查
板块间隙宽度	2.0			尺量检查
保护层厚度	设计厚度的10%，且不得大于5mm			钢针插入和尺量检查

（2）隔离层施工质量标准与检查评价　块体材料、水泥砂浆或细石混凝土保护层与卷材、涂膜防水层之间，应设置隔离层。隔离层可采用干铺塑料膜、土工布、水泥麻刀灰、卷材或铺抹低强度等级砂浆。隔离层质量标准和检验方法见表1-41。

表 1-41　隔离层质量标准和检验方法

序　号	项　　目		质量要求或允许偏差	检 验 方 法
1	主控项目	材料质量	隔离层所用材料的质量及配合比，应符合设计要求	检查出厂合格证和计量措施
2		表面	隔离层不得有破损和漏铺现象	观察检查
3	一般项目	搭接	塑料膜、土工布、卷材应铺设平整，其搭接宽度不应小于50mm，不得有皱褶	观察和尺量检查
4		外观检查	低强度等级砂浆表面应压实、平整，不得有起壳、起砂现象	观察检查

3. 环保要求及措施

① 采取合理措施，保护防水工程施工工作面的环境。

② 施工时使用的砂浆应是预拌砂浆或者是将提前拌好的砂浆运至现场，施工用的白灰（块）不得使用袋灰。

③ 铲平原防水层时，用专门的吸尘器吸尘，防止污染环境。

④ 严格执行国家及政府颁布的有关环境保护、文明施工及有关施工扰民、噪声控制的

规定。

⑤ 保证施工期间，现场气体散发、地面排水及排污不超过法律、法规或规章规定的数值。

⑥ 任何情况下，在永久工程和临时工程中均不得使用任何对人体或环境有害的材料。

⑦ 屋面防水涂膜施工现场严禁吸烟。

⑧ 应及时清理施工区域的垃圾，严禁乱扔垃圾、杂物，保持生活区的干净、整洁，严禁在工地上燃烧垃圾。

⑨ 位于施工现场外的食堂和宿舍应严格执行当地卫生防疫有关规定，采取必要措施防止蚊蝇、老鼠、蟑螂等疾病传染源的孳生和疾病流行。

⑩ 保护所有公共财产（包括现有道路、树木、公共设施等），免受防水施工引起的损坏。

⑪ 在运输材料或废料、机具过程中严格执行当地人民政府关于禁止车辆运输泄漏遗撒的规定，车辆进出现场禁止鸣笛。

⑫ 材料、构件、料具等堆放时，应悬挂名称、品种、规格等标牌。

⑬ 认真做到"工完、料尽、场清"，及时清理现场，保持施工工地整洁。

⑭ 落实施工扰民与民扰措施。

1.3.5　细石混凝土防水屋面工程质量通病与防治

（1）普通细石混凝土和补偿收缩混凝土防水层的分格缝未填密封材料　普通细石混凝土和补偿收缩混凝土防水层应设分格缝，分格缝宽度宜为5~30mm，缝中应嵌填密封材料，上部铺贴防水卷材。

（2）隔离层施工过程中未增加隔离材料　在找平层上干铺塑料膜、土工布或卷材做隔离层，也可铺抹低强度等级砂浆或水泥麻刀灰做隔离层。刚性防水层和结构层之间应脱离，即在结构层与刚性防水层之间增加一层低强度等级砂浆、卷材、塑料薄膜等材料，起隔离作用，使结构层和刚性防水层变形互不受约束，以减少因结构变形使防水混凝土产生的拉应力，减少刚性防水层的开裂。

1）黏土砂浆隔离层施工。预制板缝嵌填细石混凝土后板面应清扫干净，洒水湿润，但不得有积水，将石灰膏：砂：黏土=1：2.4：3.6配合比的材料拌和均匀，砂浆以干稠为宜，铺抹的厚度为10~20mm，要求表面平整，压实、抹光，待砂浆基本干燥后，方可进行下道工序施工。

2）石灰砂浆隔离层施工。施工方法同上，砂浆配合比为石灰膏：砂=1：4。

3）水泥砂浆找平层铺卷材隔离层施工。用1：3水泥砂浆结构层找平，并压实、抹光、养护，再在干燥的找平层上铺一层3~8mm干细砂滑动层，在其上铺一层卷材，搭接缝用热沥青玛琉脂盖缝，也可以在找平层上直接铺一层塑料薄膜。

因为隔离层材料强度低，在隔离层继续施工时，要注意对隔离层加强保护，混凝土运输不能直接在隔离层表面进行，应采取垫板等措施，绑扎钢筋时不得扎破隔离层表面，浇捣混凝土时更不能振酥隔离层。

（3）细石混凝土防水层分割缝设置不合理　此时可安装分割缝板条和模板。细石混凝土防水层分割缝应设置在屋面板的支承端、屋面转折处、防水层与突出屋面结构的交接处，其纵横间距不大于6m。分格缝纵横对齐，分割缝截面一般为上宽下窄呈倒梯形，对于混凝土和钢筋混凝土防水，上口宽30mm，下口宽20mm。分格缝板条可采用刨光的木板条、塑料板条或金属板条。分格板条安装位置应正确、牢固，起条时不得损坏分格缝处的混凝土。某些情况下可用模板代替分格板条。当采用切割法施工分格缝时，切割深度宜为防水混凝土层厚度的3/4。

（4）UEA补偿收缩混凝土拌制不符合质量要求

1）配比要求。刚性防水屋面的UEA补偿收缩混凝土的强度等级不宜低于C30，水灰比不大于0.5，每m³混凝土水泥用量不少于360kg，混凝土坍落度为1~2cm，含砂率宜为35%~40%，灰砂比宜为（1:2.5）~（1:2）。

2）补偿收缩混凝土的搅拌。

① 补偿收缩混凝土必须按配合比准确称量后拌制，不得估量加料。

② 采用人工拌制少量U型混凝土，必须先将水泥、U型膨胀剂和砂子充分干拌均匀后，再加石子与水拌和至均匀。

③ 采用强制式搅拌机或一般自落式搅拌机搅拌时，U型膨胀剂和水泥要同时加入，将砂、石、水等拌合料全部加入后，连续搅拌时间不应少于3min。

任务1.4　种植屋面防水施工

导入案例

本工程屋面主要为种植屋面及雨篷，女儿墙高度依次为500mm、600mm、1400mm。屋面保温层选用50mm厚挤塑聚苯板，防水等级为二级，防水材料采用高聚物改性沥青防水卷材。屋面排水采取有组织排水方式。

本工程主体工程施工完毕，施工现场满足种植屋面施工要求。屋面工程图纸通过会审，施工方案编制完毕。防水材料：高聚物改性沥青防水卷材、CPS防水密封膏及相应辅助材料等。现场条件：预埋件已安装完毕、牢固。找平层排水坡度符合设计要求，强度、表面平整度符合规范规定，转角处抹成了圆弧形。施工负责人已向班组进行技术交底。现场专业技术人员、质检员、安全员、防水工等准备就绪。

工作任务

能根据不同的具体情况制定种植屋面施工方案并组织施工。

能力目标

熟悉种植屋面耐根穿刺防水材料选用的要求；熟悉种植屋面施工的一般规定和技术要求，能够对进场防水材料和保温隔热材料进行质量检验；能够组织种植屋面施工；能够对种植屋面各构造层次的施工质量进行检查及验收；能够组织安全施工；能够分析常见种植屋面施工质量问题，并提出有针对性的处理措施。

 知识目标

熟悉种植屋面的材料要求；熟悉种植屋面的构造层次和细部构造；掌握种植屋面施工工艺及质量标准。

1.4.1　种植屋面的构造

种植屋面，顾名思义，就是在平屋顶上种植植物，借助栽培介质隔热及植物吸收阳光进行光合作用的双重功效来达到降温隔热的目的。种植屋面不但具有良好的节能效果，而且在净化空气、改善城市生态、美化环境、提高建筑综合利用效益方面具有重要作用。

（1）种植屋面构造　种植屋面构造层次如图 1-22 所示。

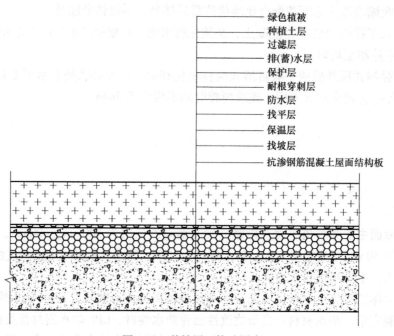

图 1-22　种植屋面构造层次

（2）种植屋面泛水防水构造　种植屋面泛水防水构造如图 1-23 和图 1-24 所示。

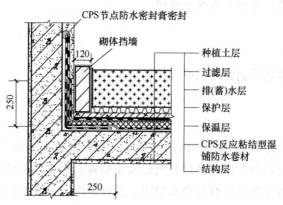

图 1-23　种植屋面泛水防水构造（一）

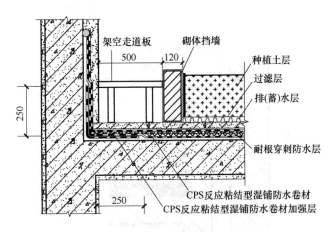

图 1-24　种植屋面泛水防水构造（二）

（3）种植屋面落水口防水构造　种植屋面女儿墙落水口防水构造如图 1-25 所示，种植屋面内天沟落水口防水构造如图 1-26 所示。

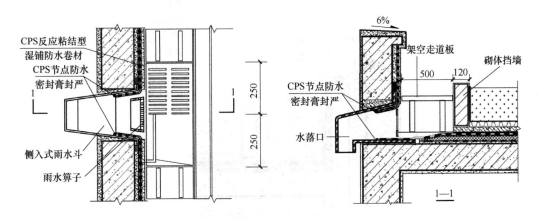

图 1-25　种植屋面女儿墙落水口防水构造

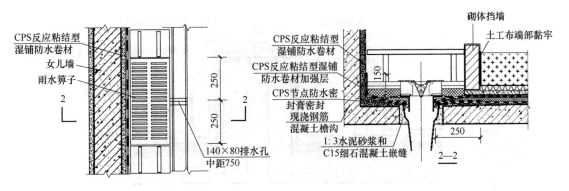

图 1-26　种植屋面内天沟落水口防水构造

（4）种植屋面变形缝防水构造　种植屋面变形缝防水构造如图 1-27~图 1-29 所示。

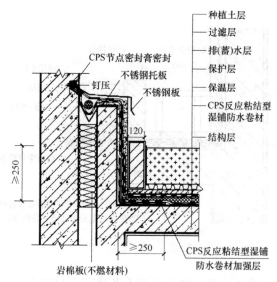

图 1-27　种植屋面变形缝防水构造（一）

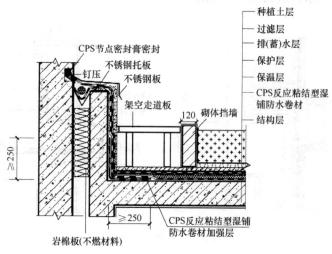

图 1-28　种植屋面变形缝防水构造（二）

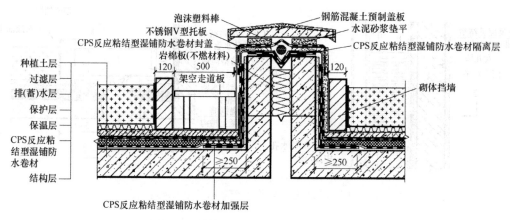

图 1-29　种植屋面变形缝防水构造（三）

（5）管道处种植屋面防水构造　管道处种植屋面防水构造如图 1-30 所示。

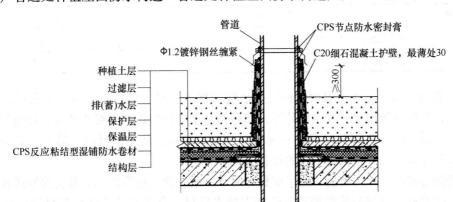

图 1-30　管道处种植屋面防水构造

1.4.2　使用材料与机具

1. 主要材料

（1）屋面结构层　种植屋面的屋面板应强调其整体性能，有利于防水，一般应采用强度等级不低于 C20 和抗渗等级不小于 P16 的现浇钢筋混凝土做屋面的结构层。

（2）找坡层、隔汽层及保温层　为了便于排除种植屋面的积水，确保植物的正常生长，屋面宜优先采用结构找坡层，若采用材料找坡时，找坡材料应选择密度小并且有一定抗压强度的轻质材料（如陶粒、加气混凝土、泡沫玻璃等）做找坡层，其找坡层坡度宜为 1%~3%。保温层宜采用具有一定强度、热导率小、密度小、吸水率低的材料（如聚苯乙烯泡沫塑料板、喷涂聚氨酯硬质泡沫塑料板等）。

（3）土工膜　土工膜是以 HDPE、LDPE、EVA、ECB 等合成树脂为基料，加入抗氧化剂、紫外线吸收剂、塑料着色剂等辅助剂而制成的一类防水防渗材料。

HDPE 土工膜，其物理机械性能好，具有耐老化、耐化学腐蚀、耐风化和抗戳穿性强等优点。主要适用于垃圾掩埋场、废水处理厂等的防水工程。

应用于种植屋面的高密度聚乙烯土工膜（HDPE）的物理性能应符合表 1-42 的要求。其卷材规格为：宽度≥3.0m，厚度为 1.0mm、1.2mm。

表 1-42　高密度聚乙烯土工膜（HDPE）的物理性能

序　号	项　目		指　标
1	拉伸强度/MPa	≥	25
2	断裂伸长率（%）	≥	550
3	直角撕裂强度/（N/mm）	≥	110
4	炭黑含量（%）	≥	2
5	耐环境应力开裂，F_{20}　h	≥	1500
6	200℃氧化诱导时间/min	≥	20
7	水蒸气渗透系数/（g·cm/cm²·s·Pa）	≤	$1.0×10^{-16}$

（续）

序　号	项　目	指　标
8	−70℃低温冲击脆化性能	通过
9	尺寸稳定性（%）	±3

（4）普通防水层　种植屋面一但发生渗漏现象，势将导致整个屋面返工重做，其不但工程量大，费用也较昂贵，故在设计时，其屋面防水等级应达到Ⅰ级或Ⅱ级，种植层面防水层的合理使用年限应不少于15年，应采用二道或二道以上防水层设防，最上一道防水层必须采用耐根穿刺防水材料，防水层的材料应相容。

为确保防水层工程的质量，应采用具有耐水、耐腐蚀、耐腐烂和对基层伸缩或开裂变形适应性强的卷材（如聚酯胎高聚物改性沥青防水卷材、合成高分子防水卷材等）或防水涂料（如双组分或单组分聚氨酯防水涂料等）作为柔性防水层。

（5）耐根穿刺防水层　各种植物的根系都具有很强的穿刺能力，传统防水材料均极易被植物的根系所穿透，从而导致屋面发生渗漏现象，为此，在种植屋面中，必须在一般的卷材或涂膜防水层之上，空铺或点粘一道具有足够耐根穿刺功能的材料作为耐根系穿刺的防水层。根据已发布的《种植屋面用耐根穿刺防水卷材》（JC/T 1075—2008）行业标准，耐根穿刺的防水材料主要是防水卷材。防水卷材又可分为改性沥青防水卷材、塑料与橡胶防水卷材，其中改性沥青防水卷材主要采用阻根剂和耐穿刺胎基等方式，塑料防水卷材通常采用胎基增强的方式。

（6）蓄（排）水层　种植屋面除做好防水层的精心设计外，还应做好排水构造系统的处理。在耐根穿刺防水层之上，应设置排水层。排水层应根据种植介质层的厚度和植物种类选择具有不同承载能力的塑料或橡胶排水板（聚乙烯PE凹凸排水板、聚丙烯多孔网状交织排水板）、蓄排水营养毯、卵石陶粒等材料。

（7）隔离层、过滤层　为了使防水层与排水层材料之间保持隔离滑动功能，防止雨天滞留水结冰所产生的冻胀应力对防水层产生不利影响，种植屋面需设置隔离层。

过滤层是设置在种植介质层与排水层之间，防止泥浆对排水层渗水性能影响而进行滤水作用的一个构造层次。为防止种植土的流失，应在蓄（排）水层上铺设质量不低于 $250g/m^2$ 的聚酯纤维或聚丙烯纤维土工布等材料作过滤层，其目的是将种植介质层中因下雨或浇水后多余的水及时通过过滤后排除，以防止因积水而导致植物烂根和枯萎，同时可将种植介质材料保留下来，避免发生流失。

2. 主要机具

种植屋面施工主要机具包括：抹子、靠尺、滚筒、喷灯、压辊、交流弧焊机、氩弧焊机、等离子切割机、空气压缩机、气割用具、电动搅拌器、直角尺、钢卷尺、墨斗、搅拌桶、塑料刮板、刷子、铲刀等。

1.4.3　种植屋面施工过程

1. 施工前准备工作

（1）技术准备　施工前应通过图纸会审，明确细部构造和技术要求，编制施工方案，并进行技术交底和安全交底。进场的防水材料、排（蓄）水板、绝热材料和种植土、保温隔热材料应按规定抽样复验，提供检验报告。非本地的植物应提供病虫害检疫报告，严禁使用不合格材料。

（2）材料机具准备　材料机具准备包括防水材料的进场和抽检，配套材料准备，机具进场、试运转等。

（3）现场条件准备　施工现场条件准备包括材料堆放场所和每天运到工作面上的施工材料临时堆放场地的准备、现场工作面的清理等内容。

① 屋面结构层一般应采用强度等级不低于 C20 和抗渗等级不小于 P16 的现浇钢筋混凝土，当采用预制的钢筋混凝土板时，需用强度等级不低于 C20 的细石混凝土密实嵌填板缝，为有效排除屋面上的雨水，平屋面应保证有 2%~3% 的坡度。

② 屋面宜优先采用结构找坡层，若采用材料找坡时，找坡材料应选择密度小并且有一定抗压强度的轻质材料（如陶粒、加气混凝土、泡沫玻璃等）做找坡层，其找坡层坡度宜为 1%~3%。

③ 找平层宜密实平整，待找平层收水后，尚应进行二次压光和充分保湿养护。找平层不得有酥松、起砂、起皮和空鼓等现象。

④ 在防水工程施工前应申请点火证，进行卷材热熔施工前，现场不得有其他焊接或明火作业。

⑤ 对易燃材料应挂牌标明，严禁烟火，施工现场准备好灭火器材。

⑥ 现场堆放场地应选择能遮雨雪、无热源的仓库，按材料品种分别堆放。

2. 施工要点

种植屋面施工，应遵守过程控制和质量检验程序，并有完整的检查记录。

（1）种植屋面施工工艺　施工准备→结构层施工→找坡层施工→保温层施工→防水基层混凝土施工→防水卷材施工→土工膜（HDPE）施工→排水板施工→无纺布施工→种植土施工→园林绿化施工。

（2）种植屋面施工要点

1）找坡层施工。施工前，清扫基层表面，用喷壶洒清水一遍；将材料拌和均匀后［水泥：砂子：加气碎块=1:1.5:4（体积比），加气碎块粒径≤30］，再加水拌和，严格控制加水量，以铺设时表面不出现泌水现象为原则来确定加水量；按 2% 的坡度铺找坡层，拉线找坡，最低处不小于 40mm。以找坡贴饼为标志，控制好虚铺厚度，用铁锹粗略找平，然后用木刮杠刮平。再用压滚往返滚压，并随时用 2m 靠尺检查平整度，将多出部分铲掉，凹处填平，直到滚压平整出浆为止。对于墙根、边角周围不易滚压部位用木板拍打密实；厚度超过 120mm 处，可先铺干加气混凝土碎块振压拍实，上面再铺设厚度 50mm 的加气碎块混凝土找坡层。

在找坡层内设置分格缝，间距不大于 6m，缝宽 30mm，缝内填充粒径为 6~8mm 的砾石或干陶粒。

2）保温层施工。

① 清理基层：将屋面上的垃圾、杂物等清理干净，各种出屋面管道封堵密实，基层必须干燥。

② 聚苯板铺设：屋面铺 60mm 厚挤塑聚苯板作为屋面保温层，施工时首先弹出分档线，按分档线排好板，相邻聚苯板应错缝铺设，作业面上尽量减少裁割，板块间的缝隙用小块聚

苯板塞堵严密，保温板铺设要平整，不得出现鼓胀以及错缝。铺设时应认真操作，铺设平整，操作中应避免材料在屋面上堆积、二次倒运，保证均质铺设，保温板边角处尤其要注意，防止边线不直、边楂不齐整，影响找坡、找平和排水。板块紧密铺设，铺平、垫稳、嵌缝密实，否则会影响找坡、防水效果，铺设完后报项目部验收。

在已铺完的保温板上行走或进行下道工序施工时，必须在其上面铺垫脚手板。保温板不得有破碎、缺棱掉角，铺设时遇有缺棱掉角或破碎不齐的，锯平后拼接使用。保温层含水率必须满足设计要求。

3）防水施工。种植屋面防水施工有多种施工方法，例如：合金防水卷材（PSS）与双面自粘防水卷材复合施工、铜复合胎基改性沥青（SBS）耐根穿刺防水卷材热熔法施工、金属铜胎改性沥青防水卷材（JCUB）与聚乙烯胎高聚物改性沥青防水卷材（PPE）复合施工、CPS反应粘结型高分子湿铺防水卷材施工等施工方法，其中高聚物改性沥青防水卷材与高密度聚乙烯土工膜（HDPE）复合施工，施工方便，质量容易控制，在施工中广泛应用。

① 高聚物改性沥青防水卷材施工：基层处理→涂刷基层处理剂→附加层施工→热熔铺贴大面积防水卷材→热熔封边→蓄水试验→防水层验收。

基层处理：铺贴卷材前将找平层表面的凸起物、砂浆、疙瘩等杂物清除，把尘土清理干净。涂刷沥青基防水涂料，要求涂刷均匀一致，不透底、遮盖率100%。基层处理剂干燥后方可进行下道工序。

附加层施工：在所有阴阳角、天沟、檐口、出屋面管根处等易发生渗漏的薄弱部位都必须增加附加层，要求进行满粘，不得空鼓，附加层宽度为500mm。

热熔铺贴大面积防水卷材：在基层弹好基准线，点燃火焰喷枪，烘烤卷材底面与基层交界处，使卷材底边的改性沥青熔化，边加热边沿卷材长边向前滚铺，排除空气，使卷材与基层黏结牢固。卷材在屋面与立面转角处、女儿墙泛水处及穿屋面管等部位需向上铺贴至种植土层面上250mm处才可进行末端收头处理。

热熔封边：在卷材搭接缝处用汽油喷灯烘烤，火焰的方向应与操作人员前进方向相反。先封长边，后封短边。最后用改性沥青密封胶将卷材收头处密封严实。

蓄水试验：屋面防水层完工后，应做蓄水试验，蓄水24h无渗漏为合格。

② 高聚物聚乙烯土工膜施工：基层验收→剪裁下料→铺设土工膜→焊接准备→接缝焊接→焊接质量检查→质量验收。

基层验收：屋面防水层做好蓄水试验无渗漏后，方可进行土工膜施工。同时，为了使高密度聚乙烯土工膜焊接安全、方便，宜在防水层上空铺设一层油毡保护层，以保护好已完成的防水层不受破坏。

铺设土工膜：铺设高密度聚乙烯土工膜时力求焊缝最少。要求土工膜干燥、清洁，应避免褶皱，冬季铺设时应铺平，夏季铺设时应适当放松，留有收缩余量。

土工膜焊接有两种方法，分别为双缝热合焊接和单缝挤压焊接。在大面积施工时采用双缝热合焊接法，在管根、落水口部位采用单缝挤压焊接法。施工验收时注意，土工膜搭接长度不小于80mm。

在施工前土工膜需进行试焊，即在正式焊接操作之前，取300mm×600mm的小块膜进行试焊。然后在拉伸机上进行焊缝的剪切和剥离试验，如果不低于规定数值，则锁定仪器参数，并以此为据开始正式焊接。

焊缝质量检查：焊缝质量检查方法分为非破坏性检验和破坏性检验。

a. 非破坏性检验：做充气检验。检验时用特制针头刺入双焊缝空腔，两端密封，用空压机充气，达到0.2MPa正压时停泵，维持5min，不降压为合格；或保持5min后，最大压力差不超过停泵压力的10%为合格。

b. 破坏性检验：检验焊缝处的剪切强度（拉伸试验）。自检时，要在每150~250m长焊缝切取试件，现场在拉伸机上试验。工程验收时为3000~4000m² 取一块试件。现场尺寸为：宽0.2m，长0.3m，测试小条宽为10mm。焊缝剪切拉伸试验时，断在母材上而焊缝完好为合格。

4）排（蓄）水层施工。排水层设置的原因是考虑到屋面种植土层较薄，土表水分易蒸发，土壤水分的缺失对植物正常发育造成影响。在我国，种植屋面的排水板共分两种，一种为凹凸型排水板，一种为塑料绳挤压型排水板。塑料绳挤压型排水板仅起到排水作用，无蓄水作用，而凹凸型排水板在施工时凸面朝下，凹面可存储部分水分，剩余的水会随着排水板流走，也起到了节水作用。

5）铺设过滤层。铺设一层200~250g/m² 的聚酯纤维无纺布过滤层，搭接缝用线绳连接，四周上翻100mm，端部及收头50mm范围内用胶粘剂与基层黏牢。

6）铺设种植土。根据设计要求铺设不同厚度的种植土。

1.4.4 安全、质检与环保

1. 施工安全技术

1）种植屋面施工应符合现行国家标准《建设工程施工现场消防安全技术规范》（GB 50720—2011）的规定。

2）屋面施工现场应采取下列安全防护措施：

① 屋面周边和预留孔洞部位必须设置防护栏和安全网或其他防止人员和物体坠落的防护措施。

② 屋面坡度大于20%时，应采取人员保护和防滑措施。

③ 施工人员应戴安全帽，系安全带和穿防滑鞋。

④ 雨天、雪天和5级大风及以上时不得施工。

⑤ 设置消防设施，加强火源管理。

⑥ 电焊工施焊时，应防止焊渣飞溅到不锈钢软管上。

2. 施工质量标准与检查评价

施工质量标准与检验方法见表1-43。

表1-43 施工质量标准和检验方法

序 号	项 目	质 量 要 求	检 验 方 法
1	主控项目	种植隔热层所用材料的质量，应符合设计要求	检查出厂合格证和质量检验报告
2		排水层应与排水系统连通	观察检查
3		挡墙或挡板泄水孔的留设应符合设计要求，并不得堵塞	观察和尺量检查

（续）

序　号	项　目	质量要求	检验方法
4	一般项目	陶粒应铺设平整、均匀，厚度应符合设计要求	观察和尺量检查
5		排水板应铺设平整，接缝方法应符合国家现行有关标准的规定	观察和尺量检查
6		过滤层土工布应铺设平整、接缝严密，其搭接宽度的允许偏差为 10mm	观察和尺量检查
7		种植土应铺设平整、均匀，其厚度的允许偏差为±5%，且不得大于 30mm	尺量检查

3. 环保要求及措施

① 采取合理措施，保护防水工程施工工作面的环境。

② 严格执行国家及政府颁布的有关环境保护、文明施工及有关施工扰民、噪声控制的规定。

③ 保证施工期间，现场气体散发、地面排水及排污不超过法律、法规或规章规定的数值。

④ 任何情况下，在永久工程和临时工程中均不得使用任何对人体或环境有害的材料。

⑤ 屋面防水卷材施工现场严禁吸烟。

⑥ 应及时清理施工区域的垃圾，严禁乱扔垃圾、杂物，保持生活区的干净、整洁，严禁在工地上燃烧垃圾。

⑦ 位于施工现场外的食堂和宿舍应严格执行当地卫生防疫有关规定，采取必要措施防止蚊蝇、老鼠、蟑螂等疾病传染源的孳生和疾病流行。

⑧ 保护所有公共财产（包括现有道路、树木、公共设施等），免受防水施工引起的损坏。

⑨ 在运输材料或废料、机具过程中严格执行当地人民政府关于禁止车辆运输泄漏遗撒的规定，车辆进出现场禁止鸣笛。

⑩ 材料、构件、料具等堆放时，应悬挂名称、品种、规格等标牌。

⑪ 认真做到"工完、料尽、场清"，及时清理现场，保持施工工地整洁。

⑫ 落实施工扰民与民扰措施。

1.4.5　种植屋面工程质量通病与防治

（1）施工人员在种植屋面施工中只做了一道防水层　种植屋面施工中防水层最少做两道，其中上面一道为合成高分子卷材，下面一道可做卷材防水也可做涂膜防水，如果做涂膜防水，不宜使用水乳型防水涂料。上下两道防水层之间应满粘，使其成为一个整体防水层。下层防水如果用涂膜防水，伸缩缝部位要加 300mm 宽的隔离条。如果用卷材防水，可采用条粘。在防水层的上面铺一层较厚（≥0.2mm）的塑料薄膜作为隔离层和防生根层，塑料薄膜上面可根据设计用 1∶2.5 水泥砂浆或 C20 的细石混凝土作保护层。

（2）种植屋面存在积水现象　在保护层上面可按设计要求砌筑种植土挡墙，挡墙下部 150mm 内留有孔洞，以保证下层种植土中的水可以自由流动，遇暴雨时多余的雨水也可以排出。

种植屋面的排水层可用卵石或轻质陶粒。滤水层用 $120\sim140g/m^2$ 的聚酯无纺布。

种植屋面应设浇灌系统，较小的屋面可将水管引上屋顶，人工浇灌，较大的屋面宜设微喷灌设备，有条件时可设自动喷灌系统。不宜用滴灌，因为无法观察下层种植土的含水量，不便于掌握灌水量。

喷灌系统的水管宜用铝塑管，不宜用镀锌管，后者易锈蚀。屋面种植荷花或养鱼时，要装设进水控制阀及溢水孔，以维持正常的水位。

实训课题　屋面节点防水施工

1. 材料

SBS 改性沥青自粘防水卷材、金属压条、钉子、密封胶、基层处理剂等。

2. 工具

铁锹、扫帚、手锤、钢凿、抹布、滚刷、油漆刷、剪刀、卷尺、粉笔、压辊、灭火器等。

3. 实训内容

分小组完成图 1-31 所示的屋面上人孔、排气道、阴阳角、女儿墙和山墙节点防水卷材附加层施工。

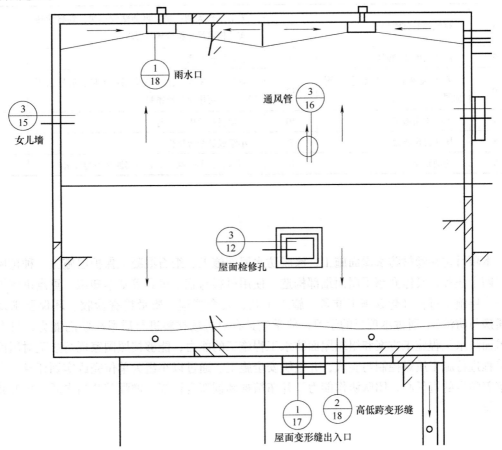

图 1-31　屋顶平面图

4. 实训要求

① 上人孔、排气道的卷材附加层。各自裁剪一块 600mm×600mm 和 400mm×400mm 的卷材,铺贴上人孔或排气道。先铺贴较大的一块,再铺贴较小块。铺贴的卷材要用手持压辊滚压密实。

② 阴阳角位附加增强层。将 1m 幅宽卷材平均裁成 1/3 幅宽,长度 1m,中对中铺贴于阴阳角,用压辊滚压密实。

③ 女儿墙和山墙节点防水卷材附加层。裁剪一块 600mm×1000mm 的卷材,铺贴至女儿墙或山墙的凹槽处,上端收头用钉子将金属压条固定,再用密封胶密封。

5. 考核与评价

屋面节点防水施工实训项目成绩评定采用学生自评、互评和老师评价相结合的方法。按照表 1-44 对屋面节点防水施工进行质检、评价。

表 1-44　屋面节点防水施工成绩评定表

序号	项　目	满分	评定标准	得分
1	基层处理	5	表面干净、干燥	
2	涂刷基层处理剂	5	均匀不露底,一次涂好,不能过薄或过厚	
3	上人孔卷材附加层	20	先铺贴较大的一块,再铺贴较小块,卷材滚压密实,搭接尺寸符合规范要求	
4	排气道卷材附加层	20	先铺贴较大的一块,再铺贴较小块,卷材滚压密实,搭接尺寸符合规范要求	
5	阴阳角附加增强层	10	卷材滚压密实	
6	女儿墙和山墙节点卷材附加层	15	卷材滚压密实,上端收头用钉子将金属压条固定牢固,再用密封胶密封	
7	安全文明施工	10	按项目相关内容执行	
8	团队协作能力	7	小组成员配合操作	
9	劳动纪律	8	不迟到、不旷课、不做与实训无关的事情	

项目小结

本项目包括卷材防水屋面施工、涂膜防水屋面施工、细石混凝土保护层施工、种植屋面施工四个任务,具体介绍了屋面细部构造、使用材料与施工机具等基本知识,重点讲解了屋面防水层施工过程(包含施工准备、施工工艺、安全管理、质量检查验收、环保要求及质量通病与防治)。通过本项目的学习,使学生具有对进场材料进行质量检验的能力,具有编制屋面防水工程施工方案和组织屋面防水工程施工的能力,能够按照国家现行规范对屋面防水工程进行施工质量控制与验收,并组织安全施工。通过以小组为单位完成实训任务,有利于培养学生的责任心、团队协作能力、开拓精神和创新意识等,增强其政治素质,提升其职业道德。

项目2
厕浴间防水工程施工

 预备知识

　　厕浴间是建筑物中不可忽视的防水工程部位，它面积小，穿墙管道多，设备多，阴阳转角复杂，房间长期处于潮湿受水状态等不利条件。传统的卷材防水做法已不适应厕浴间防水施工的特殊性，为此，通过大量的实验和实践证明，以涂膜防水代替各种卷材防水，尤其是选用高弹性的聚氨酯涂膜防水或选用弹塑性的氯丁胶乳沥青涂料防水等新材料和新工艺，可以使厕浴间的地面形成一个没有接缝、封闭严密的整体防水层，从而提高其防水工程质量。

　　厕浴间防水等级和设防要求见表2-1。

表 2-1　厕浴间防水等级和设防要求

项　目		防　水　等　级				
		I	II			III
建筑物类别		要求高的大型公共建筑、高级宾馆、纪念性建筑物等	一般公共建筑、餐厅、商住楼、公寓等			一般建筑
地面设防要求		二道防水设防	一道防水设防或刚柔复合防水			一道防水设防
选用材料	地面/mm	合成高分子防水涂料厚1.5，聚合物水泥砂浆厚15，细石防水混凝土厚40	选用材料	单独用	复合用	高聚物改性沥青防水涂料厚2或防水砂浆厚20
			高聚物改性沥青防水涂料	3	2	
			合成高分子防水涂料	1.5	1	
			防水砂浆	20	10	
			聚合物水泥砂浆	7	3	
			细石混凝土	40	40	
	墙面/mm	聚合物水泥砂浆厚10	防水砂浆厚20，聚合物水泥砂浆厚7			防水砂浆厚20
	顶棚	合成高分子防水涂料憎水剂	憎水剂			憎水剂

任务 2.1　厕浴间节点防水施工

导入案例

　　工程概况：某工程位于顺德大良宜新路，由三栋编号2、3、4座建筑组成，建筑面积约6万 m²，根据设计要求，该工程厨房、卫生间防水采用1.2mm厚CPS防水密封膏涂刷。

本工程主体工程施工完毕，施工现场满足厕浴间防水工程施工要求。工程图纸已通过会审，编制了厕浴间防水工程的施工方案。

防水材料：CPS 防水密封膏。

使用机具：电动搅拌器、拌料桶、橡胶刮板、滚动刷、钢丝刷等。

现场条件：管道安装完毕，牢固。找平层排水坡度符合设计要求，强度、表面平整度符合规范规定，转角处抹成了圆弧形。施工负责人已向班组进行技术交底，现场专业技术人员、质检员、安全员、防水工等准备就绪。

 **工作任务**

能根据不同厕浴间情况制定相应厕浴间节点施工方案，并组织施工。

 **能力目标**

能够选择厕浴间防水材料；能够编制厕浴间节点防水工程施工方案；能够对进场材料进行质量检验；能够组织厕浴间节点防水工程安全施工；能够进行厕浴间节点防水工程施工质量控制与验收。

 **知识目标**

了解厕浴间防水材料品种和质量要求；熟悉厕浴间节点构造；掌握厕浴间的节点防水施工工艺。

2.1.1 厕浴间节点构造

1. 墙地面交接处防水做法

厕浴间墙面与楼地面交接处宜设置加强防水处理，加强层的尺寸为墙地面交接处平面宽度、立面高度均不小于100mm。厕浴间墙地面交接处构造做法如图2-1所示。

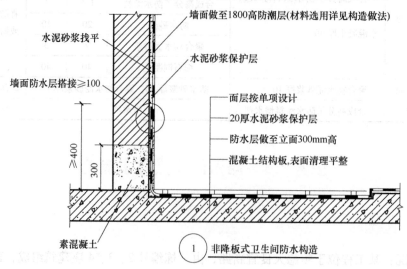

图 2-1 厕浴间墙地面交接处构造做法

2. 管根处防水做法

厕浴间管根处防水做法如图 2-2 所示。管根节点部位 CPS 防水密封膏施工工艺为：首先清扫基面上的垃圾、砂石、尘土以及管根上的浮浆等，基面凹凸处修补平整；然后在管道立面 100mm 高、平面超出管洞口周边 150mm 宽范围内涂刷 CPS 防水密封膏，涂刷厚度 1.2mm 即可；最后进行养护，管根处涂刷施工完毕后，未干固前不要浸水和闭水试验。

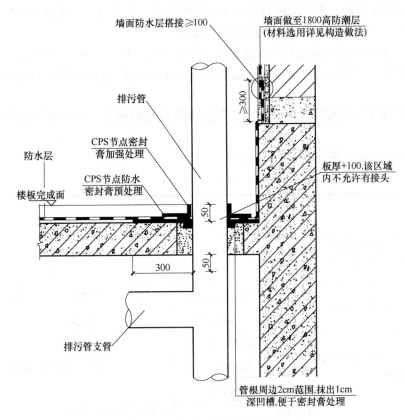

图 2-2　厕浴间管根处防水做法

3. 地漏处防水做法

地漏与地面混凝土间应留置凹槽，用 CPS 防水密封膏进行密封防水处理。地漏四周应设置加强防水层，加强层宽度不应小于 150mm。防水层在地漏收头处，应用 CPS 防水密封膏进行密封防水处理，厕浴间地漏处防水做法如图 2-3 所示。

2.1.2　使用材料与机具

1. 主要材料

主要材料为 CPS 防水密封膏，其

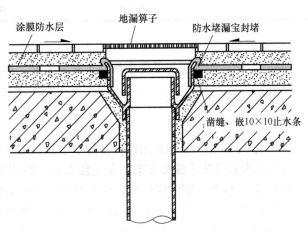

图 2-3　厕浴间地漏防水做法

主要特点如下：

① 密封膏级配复合黏结技术可解决与管根节点多材质界面（如金属、塑料、混凝土等）同时持久黏结密封的难题。能对厨卫间的穿墙管、地下室的桩头、屋面的落水口等容易漏水的部位进行有效密封，达到良好的防水效果。

② 能跟水泥砂浆抹灰层结合在一起，后续贴砖黏结牢固。可直接在密封膏层上做水泥砂浆保护层或者贴瓷砖，水泥与密封膏防水层反应黏结，牢固可靠，保证了材料后续施工的可靠性。其他防水涂料基本不能进行这样的后续施工。

③ CPS 防水密封膏为橡胶基水性膏状物，均匀细腻，开罐即用，无须混合，直接涂刷，不容易偷工减料；膏状使其更易成型、起厚度，立面不流淌，水性保证了材料对现场施工环境的适应性。

④ CPS 防水密封膏能实现节点与大面积防水部位相容密封，形成整体防水层，防水更安全。

CPS 防水密封膏主要技术指标见表 2-2。

表 2-2　CPS 防水密封膏主要技术指标

序　号	项　目		指标 P	
			I	II
1	固体含量（%）	≥	70	
2	表干时间/h	≤	2	
3	黏结强度/MPa	与水泥砂浆干燥基面≥	0.5 并 100%内聚破坏	0.7 并 100%内聚破坏
		与水泥砂浆潮湿基面≥	0.3 并 100%内聚破坏	0.5 并 100%内聚破坏
4	与水泥同步固化黏结强度/MPa	与素水泥浆	0.5 并 100%内聚破坏	
		与混凝土		
		与水泥砂浆		
5	不透水性		0.3MPa，30min 不透水	
6	低温柔性		-10℃，2h，无裂纹	-20℃，2h，无裂纹
7	耐热性		80℃，5h，无流淌、滑动、滴落，表面无密集气泡	

2. 主要机具

厨浴间 CPS 防水密封膏施工机具主要有毛刷、滚筒刷、橡胶刮板、钢丝刷等。

2.1.3　厨浴间节点防水施工

1. 施工前准备工作

（1）技术准备　编制好厨浴间各防水节点施工方案，并向班组进行技术和安全交底。

1）排水管道防水施工方案。穿过楼面板、墙体的管道和套管的孔洞，应预留出 10mm 左右的空隙，待管件安装定位后，在空隙内嵌填补偿收缩嵌缝砂浆，且必须插捣密实，防止出现空隙，收头应圆滑。如填塞的孔洞较大，应改用补偿收缩细石混凝土。楼面板孔洞应吊底模板浇灌，防止漏浆，严禁用碎砖、水泥块填塞。所有管道、地漏或排水口等穿过楼面板、墙体的部位，必须位置正确、安装牢固。

2) 穿楼板管道防水施工方案。沿管根紧贴管壁缠一圈膨胀橡胶止水条，搭接头应黏结牢固，防止脱落。涂膜防水层与"L"形膨胀橡胶止水条相连接，不宜有断点。防水层在管根处应上拐（高度不应超过水泥砂浆保护层）并包严管道，且应铺贴胎体增强材料，立面涂膜收头处用密封材料封严。

3) 卫生器具节点防水施工方案。厕浴间涂膜防水层应刷至高出地面100mm处的混凝土防水台处。如厕浴间有浴缸，轻质隔墙板无防水功能，则浴缸一侧的涂膜防水层应比浴缸高100mm以上。

4) 地漏口（水落口）防水施工方案。主管与地漏口的交接处应用密封材料封闭严密，然后用补偿收缩细石混凝土（或水泥砂浆）嵌填密实；水泥砂浆找平层做好后，在地漏口杯的外壁缠绕一圈膨胀橡胶止水条（用手工挤压成"L"形），涂膜防水层应与"L"形膨胀橡胶止水条相连接；涂膜防水层的保护层在地漏周围应抹成5%的顺水坡度。

(2) 材料机具准备

1) 材料：CPS防水密封膏。

2) 机具：毛刷、滚筒刷、橡胶刮板、钢丝刷等。

(3) 现场条件准备

1) 施工场地经过交接检验已经满足防水施工的要求。

2) CPS防水密封膏涂料已按照设计要求采购，施工单位在材料进场时进行了现场抽样送检，材料性能满足施工说明的要求。

3) 专业防水施工人员按照施工组织设计要求已经就位。

2. 施工要点

1) 管根节点部位在大面积做防水前涂一遍密封膏，首先，清扫基面上的垃圾、砂石、尘土，以及管根上的浮浆等，基面凹凸处修补平整；其次，在管道立面100mm高、平面超出管洞口周边150mm宽范围内涂刷CPS防水密封膏，涂刷厚度1.2mm即可；大面积防水做完后，再涂一遍密封膏加强处理。

2) 对阴阳角、墙地面交接处、穿楼板管道、地漏等节点部位涂刷过程中可铺贴网格布、无纺布等加强胎基材料作增强处理，胎体应夹在涂层中间（建议胎体下涂层厚度不小于1.0mm，胎体上涂层厚度应大于0.5mm）。

3) 密封膏层干固后，可按设计要求进行保护层施工。

2.1.4 安全、质检与环保

1. 施工安全技术

CPS防水密封膏涂料施工安全注意事项：

① 该产品最佳施工温度为5~35℃；在高湿度环境下施工，涂膜不易干燥成型，一般在南方梅雨季节、湿潮时如墙壁起水珠等情况下，不宜施工。

② 干燥通风环境下，涂层约2天完全干固，潮湿低温环境下干固时间会延长；未干固前禁止踩踏、浸水，涂层完全干固后才能进行蓄水试验和后续施工。

③ 管根或基层修补时，可用水泥胶泥进行修补。水泥胶泥配置方法：水泥与水按质量比为2：1，搅拌成水泥素浆，再掺入质量是水泥素浆5%的防水密封膏搅拌均匀即可。

④ 涂层干固后应尽快在其表面抹一道水泥素浆，方便后续施工如贴瓷砖等。

⑤ 产品储存时如有少量水析出，属正常现象，搅拌均匀后可正常使用；未用完的材料应把桶盖盖严，下次可以继续使用，避免材料凝固浪费。

⑥ 该产品为水性环保产品，施工完毕后，施工工具与衣物应在密封膏未固化前及时用水清洗。

⑦ 不得穿硬底或带钉子的鞋。

⑧ 使用电器搅拌涂料时，用电必须由电工接线，并且使用的电动工具接零要灵敏可靠。

⑨ 交叉作业必须有安全可靠的防护措施后方可施工。

2. 所用防水材料质量标准与检查评价

质量标准和检验方法见表2-3。

表2-3　质量标准和检验方法

序号	项目	质量要求	检验方法
1	主控项目	所用CPS防水密封膏的品种应符合设计要求和现行有关国家标准的规定	实验室复验
2		涂膜防水层与预埋管件、表面坡度等细部做法，应符合设计要求和施工规范的规定，不得有渗漏现象	蓄水24h观察无渗漏
3		需要干燥基面的防水材料，找平层含水率低于9%，并经检查合格后，方可进行防水层施工	观察检查基面不能有明水
4	一般项目	涂膜层涂刷均匀，厚度满足设计要求，不露底。保护层和防水层黏结牢固，紧密结合，不得有损伤	观察检查
5		底胶和涂料附加层的涂刷方法、搭接收头，应符合施工规范要求，黏结牢固、紧密，接缝封严，无空鼓	观察检查
6		表层如发现有不合格之处，应按规范要求重新涂刷搭接	现场检测
7		涂膜层不起泡、不流淌，平整无凹凸，颜色亮度一致，与管件、洁具、地脚螺栓、地漏、排水口等接缝严密，收头圆滑	观察检查

厕浴间防水涂膜施工完毕后，先由施工班组自行按照厕浴间防水施工质量验收规范进行质量检查和验收，然后各班组之间进行互检，并提交验收表格，最后由工程技术人员组织各班组进行验收。

3. 环保要求及措施

① 废弃的材料应统一收集，妥善处置。

② 清洗现场用具时不得污染地面，应采取液体接漏收集措施，以重复利用。

2.1.5　厕浴间节点防水工程质量通病与防治

（1）厕浴间施工过程中排水坡度不符合要求

1）厕浴间的地面应有1%～2%的坡度（高级工程可以为1%），坡向地漏。地漏处排水坡度，以地漏边向外50mm排水坡度为3%～5%。厕浴间设有浴盆时，盆下地面坡向地漏的排水坡度也为 3%~5%。

2）地漏标高应根据门口至地漏的坡度确定，必要时设槛。

（2）单面临墙管道施工质量不达标 一般来说，单面临墙管道，离墙应不小于 50mm，双面临墙的管道，一边离墙不小于 50mm，另一边离墙不小于 80mm。

（3）地漏施工质量不符合要求

1）地漏一般在楼板上预留管孔，然后再安装地漏。地漏立管安装固定后，将管孔四周混凝土松动石子清除干净，浇水湿润，然后板底支模板，灌 1:3 水泥砂浆或 C20 细石混凝土，捣实、堵严、抹平，细石混凝土宜掺微膨胀剂。

2）厕浴间垫层向地漏处找 1%~3% 坡度，垫层厚度小于 30mm 时，用水泥炉渣材料或用 C20 细石混凝土一次找坡、找平、抹光。

3）地漏上口四周用 20mm×20mm 密封材料封严，上面做涂膜防水层。

4）地漏口周围、直接穿过地面或墙面防水层管道及预埋件的周围与找平层之间应预留宽 10mm、深 7mm 的凹槽，并嵌填密封材料，地漏与墙面净距离宜为 50~80mm。

任务 2.2　厕浴间楼地面防水施工

导入案例

某工程结构型式为现浇框架剪力墙结构，地下 4 层，地上 14 层。按照工程合同约定，地下三、四层卫生间墙、地面镶面砖，地下一、二层及地上部分卫生间仅做到防水保护层为止。厕浴间防水均采用 1.5mm 厚 CPS 反应粘结型高分子湿铺防水卷材和 1.2mm 厚 CPS 节点防水密封膏材料。

本工程主体工程施工完毕，施工现场满足厕浴间楼地面防水工程施工要求。工程图纸已通过会审，已编制厕浴间楼地面防水工程施工方案。防水材料：1.5mm 厚 CPS 反应粘结型高分子湿铺防水卷材和 1.2mm 厚 CPS 节点防水密封膏。

施工机具：电动搅拌器、拌料桶、橡胶刮板、滚动刷、钢丝刷等。

现场条件：管道安装完毕、牢固。找平层排水坡度符合设计要求，强度、表面平整度符合规范规定，转角处抹成了圆弧形。施工负责人已向班组长进行技术交底。现场专业技术人员、质检员、安全员、防水工等准备就绪。

工作任务

能根据工程厕浴间设计图纸制定厕浴间施工方案并组织施工。

能力目标

能够选择厕浴间防水材料；能够编制厕浴间防水工程施工方案；能够对进场材料进行质量检验；能够组织厕浴间防水工程安全施工；能够进行厕浴间防水工程施工质量控制与验收。

了解厕浴间防水材料品种和质量要求；掌握厕浴间防水施工工艺。

2.2.1 厕浴间楼地面构造

厕浴间楼地面的一般防水构造层次如下：

1）结构层。结构层一般是整体现浇钢筋混凝土板，预制整块开间钢筋混凝土板或预制空心板。若采用预制空心板，则板缝应用防水砂浆堵严，表面20mm深处宜嵌填沥青基密封材料，也可在板缝嵌填防水砂浆并抹平表面后，附加两道1.2mm厚CPS节点防水密封膏防水层。

2）找平层。找平层是在粗糙基层表面起弥补、找平作用的构造层，一般用1:3水泥砂浆，厚度为15~20mm，以利于铺设防水层或较薄的面层材料。

3）防水层。防水层多采用防水涂料或聚合物水泥防水砂浆。为保证防水层的整体性，楼地面防水层应翻边至墙面。热水管、暖气管应加套管，套管应高出基层20~40mm，并在做防水层前于套管处用密封材料嵌严。管道根部应用水泥砂浆或豆石混凝土填实，并用密封材料嵌严实，管道根部应高出地面20mm。

4）找坡层。找坡层一般采用C20细石混凝土向地漏处找出排水坡度。

5）楼地面及墙面面层。楼地面一般为马赛克或地面砖，墙面一般为瓷砖面层或耐水涂料，如图2-4所示。

1. 面层：摊铺干硬性砂浆,铺贴地砖
2. 保护层：20厚水泥砂浆
3. 防水层：1.2厚CPS节点防水密封膏
   （分三次涂刷）
4. 找坡层：C20细石混凝土1%找坡
5. 防水层：1.5厚CPS反应粘结型高
   分子湿铺防水卷材
6. 结构层：钢筋混凝土楼板，表面
   清理平整

图2-4　楼地面CPS密封膏防水构造

厕浴间的墙体，宜设置高出楼地面150mm以上的现浇混凝土泛水。厕浴间四周墙根防水层泛水高度不应小于250mm，其他墙以防水可能溅到水的范围为基准向外延伸不应小于250mm。浴间花洒喷淋的临墙面防水高度不低于2m，如图2-5所示。

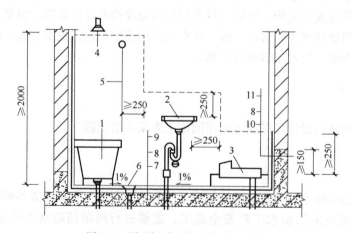

图2-5　厕浴间墙面防水高度示意图

1—浴缸　2—洗手池　3—蹲便器　4—喷淋头　5—浴帘　6—地漏　7—现浇混凝土楼板
8—防水层　9—地面饰面层　10—混凝土泛水　11—墙面饰面层

2.2.2 使用材料与机具

1. 主要材料

1.5mm 厚 CPS 反应粘结型高分子湿铺防水卷材、CPS 节点防水密封膏、P.O 42.5 以上普通硅酸盐水泥、水、建筑胶、保水剂。

2. 主要机具

厕浴间楼地面防水施工机具及用途见表 2-4。

表 2-4 厕浴间楼地面防水施工机具及用途

名 称	用 途	名 称	用 途
电动搅拌器	搅拌水泥浆	钢丝刷	节点清理
拌料桶	搅拌水泥浆	滚动刷	涂刮水泥素浆
配料桶	装混合料用	凿子	基面浮浆清除
塑料刮板	涂刮水泥浆用	油漆工铲刀	清理基层用
铁皮小刮板	复杂部位涂刮	扫帚	清理基层用
50kg 磅秤	配料称量用	裁纸刀	裁取卷材、割隔离膜

3. 防护用具

安全帽、橡胶手套、安全带、平底橡胶鞋。

2.2.3 厕浴间楼地面防水施工

1. 施工前准备工作

(1) 技术准备　编制好厕浴间楼地面施工方案，主要包括：工程概况、质量目标、防水材料的选用及要求、施工要点、季节性施工措施、成品保护、安全文明施工保证措施、质量验收和施工注意事项，并向班组进行技术和安全交底。

(2) 材料机具准备

1) 主要材料有 1.5mm 厚 CPS 反应粘结型高分子湿铺防水卷材和 CPS 节点防水密封膏。防水卷材、防水涂料进场时应有产品合格证，并按要求抽样进行复检。

2) 防水涂料复检项目有固体含量、抗拉强度、延伸率、不透水性、低温柔性、耐高温性能以及涂膜干燥时间等。这些复检项目均应符合国家标准及有关规定的技术性能指标。

(3) 现场条件准备

① 防水层施工前，所有管件、地漏等必须安装牢固、按缝严密。下水管、热水管、暖气管必须加套管，套管高出地砖面。

② 地面坡度为 2%，向地漏处排水；地漏处的排水坡度，以地漏周围半径 50mm 之内排水坡度 5% 为准，地漏处一般低于地面 20mm。

③ 水泥砂浆找平层应平整、坚实、抹光，无麻面、起砂松动及凹凸不平现象。

④ 阴阳角、管道根部应抹成半径为 100~150mm 的圆弧形。

⑤ 穿过地面的立管套管周围，应检查是否用水泥砂浆（缝隙较小时）或细石混凝土

（缝隙较大时）填实。检查的方法是用錾子敲管子周围与楼板结合处，不应有空洞及松动处。

　　2. 施工要点

　　（1）1.5mm 厚 CPS 反应粘结型高分子湿铺防水卷材施工工艺流程　基层处理→节点密封加强处理→大面积铺贴卷材→养护。

　　（2）CPS 反应粘结型高分子湿铺防水卷材施工工艺

　　1）基层清理、修补、润湿。对基层表面进行清洁、修补处理，干燥的基面应充分润湿，但不得有明水。

　　2）节点密封、附加增强层。对节点部位进行加强处理，如管根边、阴阳角、后浇带、变形缝、水落口等处做加强处理；管根边用专用 CPS 密封膏密封。

　　3）配置水泥浆料。按水泥（普通硅酸盐水泥）：水 = 2：1（质量比）的比例先将水倒入原已备好的拌浆桶，再将水泥放入水中，浸泡 15~20min 并充分浸透后，把桶面多余的水倒掉；在气温高、基面干燥时，加入水泥用量约 5%的聚合物建筑胶（保水剂），用电动搅拌机搅拌不少于 5min。

　　4）弹基准线试铺。根据施工现场状况进行合理定位，确定卷材铺贴方向，在基层弹好卷材控制线。

　　5）撕开卷材底部隔离膜。卷材试铺后将要铺贴的卷材裁好，反铺于基面上（即底部隔离膜朝上），撕去卷材隔离膜。

　　6）基层刮涂水泥浆料。基层刮涂厚度 1.5~2.5mm 水泥浆料，应均匀、平整。刮涂的宽度比卷材的长短边宜宽出 100mm。

　　7）卷材铺贴。

　　① 展铺法：卷材对齐定位弹线试铺调整完成后，将卷材对折翻转，在对折处用裁纸刀轻轻划开隔离膜，撕开半边隔离膜后，对卷材与基层涂刷水泥浆料，接着翻转铺贴；同理铺贴另外半幅卷材。

　　② 滚铺法：轻轻把隔离膜划开（避免划伤卷材），将卷材沿基准线向前推铺，边撕隔离膜边铺贴。

　　8）辊压排气。铺贴卷材时用木抹子、橡胶板或辊筒从中间向两边刮压排出空气，使卷材充分满粘于基面上。搭接铺贴下一层卷材时，将位于下层的卷材搭接部位隔离膜揭起，将上层卷材对准搭接控制线平整粘贴在下层卷材上，刮压排出空气，充分满粘。

　　9）卷材搭接、收头密封。搭接形式如图 2-6 所示。

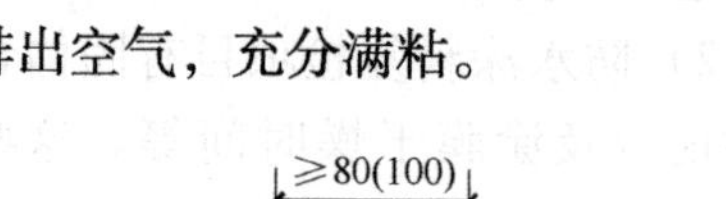

　　10）养护。晾放 24~48h（环境温度越高所需时间越短）。高温天气下，防水层不宜暴晒，应用遮阳布或其他物品遮盖。

图 2-6　CPS 反应粘结型高分子湿铺防水卷材湿铺搭接形式

　　11）检查修补。检查所有卷材面有无撕裂、刺穿、破损情况，维修时将缺陷部位清理干净，并严格按缺陷部位尺寸再加宽 80mm 重新铺贴卷材。

　　（3）两道 1.2mm 厚 CPS 防水密封膏涂刷施工工艺流程　基层清理→大面积刮涂密封膏（先底涂后面涂）→养护→后续施工。

（4）CPS 防水密封膏涂刷施工工艺

① 基面清理：清理干净基面浮浆、灰尘，清理管壁浮浆以及油污，旧基面需凿新或用钢丝刷打磨刷新。

② 底涂一遍：配置底涂料（密封膏与水按体积比 1：1 配置），然后大面积刮涂密封膏一遍，均匀涂刷不露底，管根及阴阳角底涂一遍，均匀涂刷不露底。

③ 用密封膏面涂两遍：阴阳角、管根部等节点部位使用密封膏先加强处理一遍，根部厚度以 2mm 为宜。大面积涂刷，涂层厚度以 1.2mm 及以上为宜，分两遍相互垂直涂刷。

④ 晾干养护：涂层未干固前禁止踩踏、浸水。

⑤ 后续贴砖施工：涂层干固一个月内，及时用加入 108 胶水（含量 5%~7%）的水泥浆料拉毛处理，形成界面层。界面固化后，可直接铺贴瓷砖。

2.2.4　安全、质检与环保

1. 施工安全技术

① 施工人员进场，必须经过入场教育并考试合格后方可上岗。

② 防水施工作业人员必须具有特殊工种作业证书。

③ 涂层未干固前禁止踩踏、浸水。

④ 温度为 10~15℃时建议养护 7 天以上，室温为 15~25℃时建议养护 5 天以上，室温高于 25℃时建议养护 3 天以上，以涂层充分干透为准。

⑤ 合理调配好劳动力，防止操作人员疲劳作业。严禁酒后操作，以防发生事故。

⑥ 卫生间防水施工过程中严禁在卫生间内或卫生间附近进行动火作业，以免发生火灾事故。

⑦ 湿铺防水卷材为易燃物，应储存于干燥通风、远离火源处，并配备灭火器。

⑧ 施工时要配戴手套、口罩，注意不要沾溅到皮肤上。

⑨ 现场附近不得有火源或焊接作业，操作者严禁吸烟。施工现场应有禁火标志，并配备灭火器。

⑩ 文明施工，做到"工完料净场地清"。

2. 施工质量标准与检查评价

所用防水材料质量标准和检验方法见表 2-5。

表 2-5　所用防水材料质量标准和检验方法

序号	项目	质量要求	检验方法
1	主控项目	所用 CPS 反应型高分子湿铺防水卷材及 CPS 防水密封膏的品种、牌号及配合比，应符合设计要求和现行有关国家标准的规定	实验室复验
2		涂膜防水层与预埋管件、表面坡度等细部做法，应符合设计要求和施工规范的规定，不得有渗漏现象	蓄水 24h 观察无渗漏
3		需要干燥基面的防水材料，找平层含水率低于 9%，并经检查合格后，方可进行防水层施工	观察检查基面不能有明水

（续）

序号	项目	质量要求	检验方法
4	一般项目	涂膜层涂刷均匀，厚度满足设计要求，不露底。保护层和防水层黏结牢固	观察检查
5		底胶和涂料附加层的涂刷方法、搭接收头，应符合施工规范要求，黏结牢固、紧密，接缝封严，无空鼓	观察检查
6		表层如发现有不合格之处，应按规范要求重新涂刷搭接	现场检测
7		防水卷材与基层黏结牢固。涂膜层不起泡、不流淌，平整无凹凸，颜色亮度一致，与管件、洁具、地脚螺栓、地漏、排水口等接缝严密，收头圆滑	观察检查

厕浴间防水施工完毕后，先由施工班组自行按照厕浴间防水施工质量验收规范进行质量检查和验收，然后各班组之间进行互检，并提交验收表格，最后由工程技术人员组织各班组进行验收。

3. 环保要求及措施

① 温度低于5℃、高于40℃时不宜施工，空气湿度太大的情况下不宜施工。

② 施工时要保持空气流通。

③ 尚未用完的涂料必须将桶盖密封，下次可继续使用，避免材料浪费。

④ 工程垃圾宜密封包装，并放在指定垃圾堆放地。

⑤ CPS防水密封膏为水性环保产品，施工完毕后，施工工具与衣物应在密封膏未固化前及时用水清洗。

⑥ 运送、放置施工机具和料桶时，应在已施工的涂膜上放垫纸板保护。

2.2.5　厕浴间防水工程质量通病与防治

厕浴间防水工程质量通病主要有地面汇水倒坡、墙面返潮和地面渗漏、地漏周围渗漏、立管四周渗漏等，其原因分析和预防措施见表2-6。

表2-6　厕浴间防水工程质量通病与防治

序号	项　目	原因分析	防治方法
1	地面汇水倒坡	地漏偏高，集水汇水性差，表面层不平，有积水，坡度不顺或排水不通畅或倒流水	① 地面坡度要求距排水点最远距离处控制在2%，且不大于30mm，坡向准确 ② 严格控制地漏标高，且应低于地面表面5mm ③ 厕浴间地面应比走廊及其他室内地面低20~30mm ④ 地漏处的汇水口应呈喇叭口形，集水汇水性好，确保排水通畅，严禁地面有倒坡和积水现象

（续）

序号	项 目	原因分析	防治方法
2	墙面返潮和地面渗漏	① 墙面防水层设计高度偏低，地面与墙面转角处成直角状 ② 地漏、墙角、管道、门口等处结合不严密，造成渗漏 ③ 砌筑墙面的黏土砖含碱性、酸性物质	① 墙面上设有水器具时，其防水高度一般为1500mm；淋浴处墙面防水高度应大于1800mm ② 墙体根部与地面的转角处，其找平层应做成钝角 ③ 预留洞口、孔洞、埋设的预埋件位置必须准确、可靠。地漏、洞口、预埋件周边必须设有防渗漏的附加防水层 ④ 防水层施工时，应保持基层干净、干燥，确保涂膜防水层与基层黏结牢固 ⑤ 进场黏土砖应进行抽样检查，如发现有类似问题，其墙面宜增加防潮措施
3	地漏周围渗漏	承口杯与基体及排水管接口结合不严，防水处理过于简陋，密封不严	① 安装地漏时，应严格控制标高，宁可稍低于地面，也不可超高 ② 要以地漏为中心，向四周辐射找好坡度，坡向准确，确保地面排水迅速、通畅 ③ 安装地漏时，先将承口杯牢固地黏结在承重结构上，再将浸涂好防水涂料的胎体增强材料铺贴于承口杯内，随后再仔细涂刷一遍防水涂料，然后再插口压紧。最后在其四周再满涂防水涂料1~2遍，待涂膜干燥后，把漏勺放入承口内 ④ 管口连接固定前，应先进行测量，复核地漏标高及位置正确后，方可对口连接、密封固定
4	立管四周渗漏	① 穿楼板的立管和套管未设止水环 ② 立管或套管的周边采用普通水泥砂浆堵孔，套管和立管之间的环隙未填塞防水密封材料 ③ 套管和地面相平，导致立管四周渗漏	① 穿楼板的立管应按规定预埋套管，并在套管埋深处设置止水环 ② 套管、立管的周边应用微膨胀细石混凝土堵塞严密；套管和立管的环隙应用密封材料堵塞严密 ③ 套管高度应比设计地面高出80mm；套管周边应做同高度的细石混凝土防水护墩

实训课题　厕浴间节点涂膜防水施工

1. 材料

CPS防水密封膏。

2. 工具

毛刷、滚动刷、钢丝刷等。

3. 实训内容

分小组完成如图2-7所示厕浴间节点防水涂膜施工，包括：管道根部涂刷CPS防水密封膏施工；地漏处涂刷 CPS 防水密封膏施工；墙体与地面交接部位阴阳角处涂刷 CPS 防水密封膏施工。

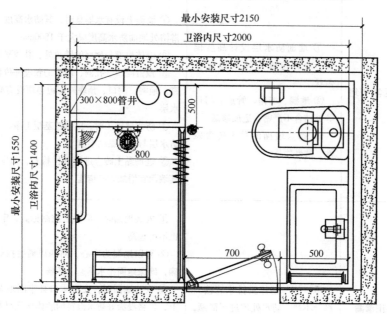

图 2-7　厕浴间平面图

4. 考核与评价

厕浴间涂膜防水施工实训项目成绩评定采用自评、互评和教师评价三结合的方法对防水工程作品进行质检、评价、确定成绩。学生成绩评定项目、分数、评定标准见表 2-7。

表 2-7　厕浴间涂膜防水施工成绩评定表

序号	项　　目	满分	评定标准	得分
1	基层处理	5	表面干净、干燥	
2	涂刷基层处理剂	5	均匀不露底，一次涂好，不能过薄或过厚	
3	管道根部涂膜防水胎体材料施工	25	涂刷均匀，厚度满足设计要求，搭接收头符合规范要求，黏结牢固、紧密，接缝封严，胎体无褶皱	
4	地漏处涂膜防水胎体增强材料施工	25	涂刷均匀，厚度满足设计要求，搭接收头符合规范要求，黏结牢固、紧密，接缝封严，胎体无褶皱	
5	阴阳角处涂膜防水胎体增强材料施工	15	涂刷均匀，厚度满足设计要求，搭接收头符合规范要求，黏结牢固、紧密，接缝封严，胎体无褶皱	
6	安全文明施工	10	按项目相关内容执行	
7	团队协作能力	7	小组成员配合操作	
8	劳动纪律	8	不迟到、不旷课、不做与实训无关的事情	

项 目 小 结

本项目包括厕浴间节点防水施工、厕浴间楼地面防水施工两个任务，具体介绍了厕浴间节点构造、厕浴间楼地面构造、使用材料与施工机具等基本知识；重点讲解了厕浴间节点以及楼地面防水层的施工过程（包含施工准备、施工工艺、安全管理、质量检查验收、环保要求及质量通病与防治）。通过本项目的学习，使学生具有对进场材料进行质量检验的能力，具有编制厕浴间防水工程施工方案的能力，具有组织厕浴间防水工程施工的能力，能够按照国家现行规范对厕浴间防水工程进行施工质量控制与验收，能够组织安全施工。通过小组完成实训任务，有利于培养学生的责任心、团队协作能力、开拓精神和创新意识等，增强其政治素质，提升其职业道德。

项目3

地下防水工程施工

 预备知识

当地下结构底标高低于地下正常水位时，就会受到地表水、潜水、上层滞水、毛细管水等的作用，必须考虑结构的防水、抗渗能力。地下防水工程是防止地下水对地下构筑物或建筑物基础的长期浸透，保证地下构筑物或地下室使用功能正常发挥的一项重要工程。通过选择合理的防水方案，采取有效措施确保地下结构的正常使用。

国家标准《地下工程防水技术规范》（GB 50108—2008）将地下工程防水标准分为四级，各级的适用范围见表3-1。

表 3-1　地下工程防水等级标准及适用范围

防水等级	标　准	适 用 范 围
一级	不允许渗漏，结构表面无湿渍	人们长期停留的场所；因有少量湿渍会使物品变质、失效的储物场所及严重影响设备正常运转和危及工程安全运营的部位；极重要的设备工程、地铁车站
二级	不允许漏水，结构表面可有少量湿渍 工业与民用建筑：湿渍总面积不大于总防水面积的1‰，单个湿渍面积不大于 0.1m²，任意 100m² 防水面积不超过 1 处 其他地下工程：湿渍总面积不大于总防水面积的6‰，单个湿渍面积不大于 0.2m²，任意 100m² 防水面积不超过 4 处	人们经常活动的场所；在有少量湿渍的情况下不会使物品变质、失效的储物场所及基本不影响设备正常运转和工程安全运营的部位；重要的战备工程
三级	有少量漏水点，不得有线流和漏泥沙 单个湿渍面积不大于 0.3m²，单个漏水点的漏水量不大于 2.5L/d，任意 100m² 防水面积不超过 7 处	人员临时活动的场所；一般战备工程
四级	有漏水点，不得有线流和漏泥沙 整个工程平均漏水量不大于 2L/m²·d，任意 100m² 防水面积的平均漏水量不大于 4L/m²·d	对渗漏水无严格要求的工程

地下工程迎水面主体结构应采用防水混凝土，并应根据防水等级的要求采取其他防水措施。

明挖法地下工程的防水设防要求应按表 3-2 选用。

表 3-2   明挖法地下工程防水设防

工程部位		主体							施工缝						后浇带				变形缝、诱导缝					
防水措施		防水混凝土	外贴式止水带	防水卷材	防水涂料	塑料防水板	防水砂浆	金属防水板	遇水膨胀止水条（胶）	外贴式止水带	中埋式止水带	外抹防水砂浆	外涂防水涂料	水泥基渗透结晶型防水材料	预埋注浆管	补偿收缩混凝土	外贴式止水带	预埋注浆管	遇水膨胀止水条	防水密封材料	中埋式止水带	外贴式止水带	可卸式止水带	防水嵌缝材料	防水密封材料	外贴防水卷材	外涂防水涂料
防水等级	一级	应选	应选 1~2 种						应选 2 种						应选	应选 2 种			应选	应选 2 种					
	二级	应选	应选 1 种						应选 1~2 种						应选	应选 1~2 种			应选	应选 1~2 种					
	三级	应选	宜选 1 种						宜选 1~2 种						应选	宜选 1~2 种			应选	宜选 1~2 种					

目前，常用的有以下几种防水方案：

（1）混凝土结构自防水   混凝土结构自防水是以地下结构本身的密实性（即防水混凝土）实现防水功能，使结构承重和防水合为一体。

（2）防水层防水   防水层防水是在地下结构外表面加设防水层，常用的有砂浆防水层、卷材防水层和涂膜防水层。

（3）"防排结合"防水   "防排结合"防水是指采用防水加排水措施，排水方案可采用盲沟排水、渗排水和内排水等。防水加排水措施适用于地形复杂、受高温影响、地下水为上层滞水且防水要求较高的地下建筑物。

任务 3.1   地下工程防水混凝土施工

 导入案例

工程概况：某工程项目总建筑面积约为 13 万 m^2，其中地下室防水面积约为 3.04 万 m^2。1#~12#楼，共计 12 栋高层。地下室底板厚度为 400mm、500mm、600mm、900mm，墙壁厚度为 300mm，顶板厚度为 300mm、380mm、400mm。按设计要求，本工程地下室防水等级为一级，基础底板、外墙采用结构自防水，抗渗等级为 P6，混凝土强度等级为 C35。

本工程施工图是给定的建筑物地下结构施工图及防水做法，施工现场地下基坑开挖完毕后进行了支护，基坑验收已完成。

工作任务

能根据设计图纸和现场具体情况制定地下防水混凝土工程施工方案，并组织施工。

 能力目标

　　能够选择防水混凝土施工材料；能够编制地下防水混凝土施工方案并组织施工；能够对进场材料进行质量检验；能够组织地下防水工程安全施工；能够进行地下防水混凝土施工质量控制与验收。

 知识目标

　　了解防水混凝土材料品种和质量要求；熟悉地下防水细部构造；掌握地下工程防水混凝土施工工艺。

3.1.1　地下工程防水细部构造

1. 施工缝

　　（1）施工缝防水构造　施工缝防水的基本构造形式如图3-1所示，实际工程应用时应根据设防等级要求复合使用。

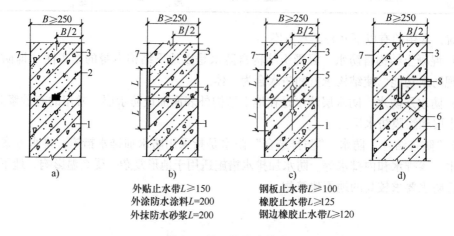

图 3-1　施工缝防水构造

a）基本构造1　b）基本构造2　c）基本构造3　d）基本构造4

1—先浇混凝土　2—遇水膨胀止水条　3—后浇混凝土　4—外贴防水层

5—中埋止水带　6—预埋注浆管　7—结构迎水面　8—注浆导管

　　（2）施工缝的施工应符合下列要求

　　① 水平施工缝浇筑混凝土前，应将其表面浮浆和杂物清除，然后铺设净浆或涂刷混凝土界面处理剂、水泥基渗透结晶型防水涂料等材料，再铺30~50mm厚的1：1水泥砂浆，并应及时浇筑混凝土。

　　② 垂直施工缝浇筑混凝土前，应将其表面清理干净，再涂刷混凝土界面处理剂或水泥基渗透结晶型防水涂料，并及时浇筑混凝土。

　　③ 选用的遇水膨胀止水条（胶）应具有缓胀性能，其7d的净膨胀率不宜大于最终膨胀率的60%，最终膨胀率宜大于220%。

　　④ 遇水膨胀止水条（胶）应牢固地安装在缝表面或预留槽内。

⑤ 采用中埋式止水带或预埋式注浆管时，应确保位置准确、固定牢靠。

（3）混凝土模板对拉螺栓防水处理 防水混凝土结构内部设置的各种钢筋或绑扎钢丝，不得接触模板。固定模板用的螺栓必须穿过混凝土结构时，可采用工具式螺栓加堵头，螺栓上加焊方形止水环。拆模后应采取加强防水措施将留下的凹槽封堵密实，并应用聚合物水泥砂浆抹平，如图3-2所示。

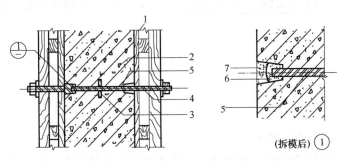

图3-2 固定模板用螺栓的防水做法

1—模板 2—结构混凝土 3—止水环 4—工具式螺栓
5—固定模板用螺栓 6—密封材料 7—聚合物水泥砂浆

2. 变形缝

变形缝是沉降缝与伸缩缝的总称。变形缝是地下防水的薄弱环节，防水处理比较复杂，最容易发生渗漏，处理不好会直接影响到地下工程的正常使用和使用寿命。变形缝处混凝土结构的厚度不应小于300mm。用于沉降的变形缝最大允许沉降值不应大于30mm。变形缝的宽度宜为20~30mm。环境温度高于50℃处的变形缝隙，中埋式止水带可采用金属制作，如图3-3所示。变形缝的几种复合防水构造形式如图3-4~图3-6所示。

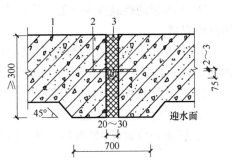

图3-3 中埋式金属止水带

1—混凝土结构 2—金属止水带
3—填缝材料

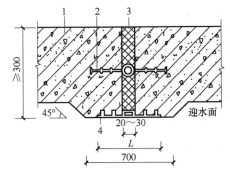

图3-4 中埋式止水带与外贴防水层复合使用

外贴式止水带、外贴防水卷材 L≥400
外涂防水涂层 L≥400

1—混凝土结构 2—中埋式止水带
3—填缝材料 4—外贴防水层

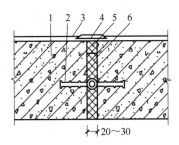

图3-5 中埋式止水带与遇水膨胀橡胶条、嵌缝材料复合使用

1—混凝土结构 2—中埋式止水带
3—嵌缝材料 4—背衬材料
5—遇水膨胀橡胶条 6—填缝材料

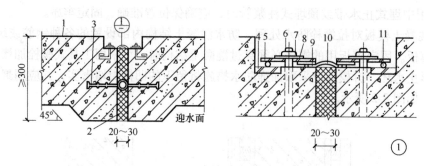

图 3-6　中埋式止水带与可卸式止水带复合使用

1—混凝土结构　2—填缝材料　3—中埋式止水带　4—预埋钢板　5—紧固件压板　6—预埋螺栓
7—螺母　8—垫圈　9—紧固件压块　10—Ω 型止水带　11—紧固件圆钢

（1）中埋式止水带施工要求

① 止水带埋设位置应准确，其中间空心圆环应与变形缝的中心线重合。

② 止水带应固定，顶、底板内止水带应成盆状安设。

③ 中埋式止水带先施工一侧混凝土时，其端模应支撑牢固，并严防漏浆。

④ 止水带的接缝宜为一处，应设在边墙较高位置上，不得设在结构转角处，接头宜采用热压焊接。

⑤ 中埋式止水带在转弯处应做成圆弧形，（钢边）橡胶止水带的转角半径不应小于 200mm，转角半径应随止水带的宽度增大而相应加大。

（2）安设于结构内侧的可卸式止水带施工要求

① 所需配件应一次配齐。

② 转角处应做成 45° 折角，并应增加紧固件的数量。

3. 后浇带

设置后浇带的目的就是为了减少混凝土的收缩裂缝，但同时也增加了两条施工缝，这就成为受力和防水的薄弱部位，故不宜多设，其间距以 30~60m 为宜，宽度以 700~1000mm 为宜。后浇带两侧可做成平直缝或阶梯缝，其防水构造形式如图 3-7~图 3-9 所示。

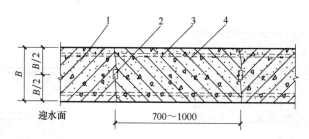

图 3-7　后浇带防水构造（一）

1—先浇混凝土　2—遇水膨胀止水条（胶）　3—结构主筋　4—后浇补偿收缩混凝土

后浇带混凝土施工前，后浇带部位和外贴式止水带应防止落入杂物和损伤外贴带。后浇带混凝土应一次浇筑，不得留设施工缝；混凝土浇筑后应及时养护，养护时间不得少于 28 天。

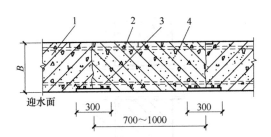

图 3-8 后浇带防水构造（二）

1—先浇混凝土 2—结构主筋 3—外贴式止水带 4—后浇补偿收缩混凝土

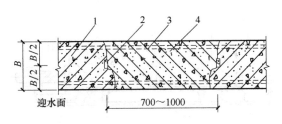

图 3-9 后浇带防水构造（三）

1—先浇混凝土 2—遇水膨胀止水条（胶） 3—结构主筋 4—后浇补偿收缩混凝土

4. 穿墙管

穿过地下结构的墙板时，由于受管道与周边混凝土的黏结能力、管道的伸缩、结构变形等因素影响，管道周边与混凝土两者之间的接缝就成为防水的薄弱环节，应采取必要措施进行防水设防。穿墙管道防水构造可分为固定式防水法和套管式防水法两大类，其防水构造形式如图 3-10 和图 3-11 所示。

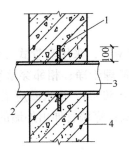

图 3-10 固定式穿墙管防水构造（一）

1—止水环 2—密封材料 3—主管 4—混凝土结构

结构变形或管道伸缩量较大或有更换要求时，应采用套管式防水法，套管应加焊止水环，如图 3-12 所示。

穿墙管道防水施工要求如下：

① 穿墙管应在浇筑混凝土前预埋，穿墙管与内墙角、凹凸部位的距离应大于 250mm。结构变形或管道伸缩量较小时，穿墙管可采用主管直接埋入混凝土内的固定式防水法，主管应加焊止水环或环绕遇水膨胀止水圈，并应在迎水面预留凹槽，槽内应采用密封材料嵌填密实。

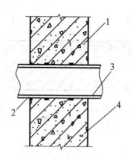

图 3-11 固定式穿墙管防水构造（二）
1—遇水膨胀止水圈 2—密封材料 3—主管 4—混凝土结构

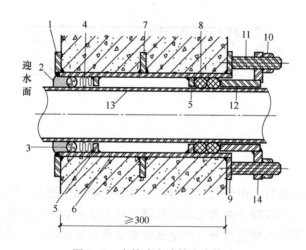

图 3-12 套管式穿墙管防水构造
1—翼环 2—密封材料 3—背衬材料 4—填充材料 5—挡圈 6—套管 7—止水环 8—橡胶圈
9—翼盘 10—螺母 11—双头螺栓 12—短管 13—主管 14—法兰盘

② 止水环应与主管或套管满焊密实，采用套管式穿墙防水构造时，翼环与套管应满焊密实，并应在施工前将套管内表面清理干净；相邻穿墙管间的间距应大于 300mm；采用遇水膨胀止水圈的穿墙管，管径宜小于 50mm，止水圈应采用胶粘剂满粘固定于管上，并应涂缓胀剂或采用缓胀型遇水膨胀止水圈；穿墙管伸出外墙的部位，应采取防止回填时将管体损坏的措施。

3.1.2 使用材料与机具

1. 主要机具

防水混凝土的施工机具与普通混凝土的施工机具相同。

2. 主要材料

（1）防水材料 防水混凝土主要有三种：普通混凝土、外加剂防水混凝土和膨胀剂防水混凝土。

普通防水混凝土是用调整和控制配合比的方法，以达到提高密实度和抗渗性能要求的一种混凝土，其抗渗等级不得小于 P6。

防水混凝土兼有承重和防水的双重功能。其防水原理是依靠结构混凝土自身的密实性，及相应的防水构造措施（如设置坡度、变形缝、嵌缝膏、止水环等），达到结构自防水的目的。

防水混凝土分为普通防水混凝土和掺外加剂防水混凝土。掺外加剂防水混凝土又分为减水剂防水混凝土、引气剂防水混凝土和膨胀剂防水混凝土三种。

（2）防水混凝土的特点

①兼有承重和防水双重功能，节约材料，加快施工速度。

②材料来源广，成本低。

③在结构造型复杂的情况下，施工简便，防水性能可靠。

④漏水时易于检查，便于修补。

⑤耐久性好。

3.1.3　地下防水工程混凝土施工

1. 施工前准备工作

（1）技术准备

①按照设计资料和施工方案，进行施工技术交底和施工人员上岗培训。

②按照设计资料计算出工程量，制定材料需用计划及材料技术质量要求，确定防水混凝土的配合比和施工方法。

③根据设计要求及工程实际情况制定特殊部位施工技术措施。

（2）材料机具准备

①水泥：采用42.5级硅酸盐水泥、普通硅酸盐水泥或矿渣硅酸盐水泥，严禁使用过期、受潮、变质的水泥。

②砂：宜用中砂，含泥量不得大于3%。

③石：宜用卵石，最大粒径不宜大于40mm，含泥量不大于1%，吸水率不大于1.5%。

④水：饮用水或天然洁净水。

⑤U.E.A膨胀剂：其性能应符合国家标准《混凝土膨胀剂》（GB/T 23439—2017），其掺量应符合设计要求及有关规定，与其他外加剂混合使用时，应经试验试配后使用。

⑥主要机具：混凝土搅拌机、翻斗车、手推车、振捣器、溜槽、串桶、铁板、铁锹、吊斗以及磅秤等。

（3）现场条件准备

①钢筋、模板工序已完成，办理隐蔽工程验收、预检手续，检查穿墙杆件是否已做好防水处理，模板内杂物清理干净并提前涂刷隔离剂。

②对各作业班组做好安全技术交底。

③材料需经检验，由试验室试配提出混凝土的配合比，并换算出施工配合比。

④确定材料运输路线和浇筑顺序。

2. 施工要点

（1）施工工艺流程　作业准备→混凝土搅拌→运输→混凝土浇捣→混凝土养护。

（2）防水混凝土的配合比　防水混凝土的配合比应符合下列要求：

①胶凝材料用量应根据混凝土的抗渗等级和强度等级选用，其总用量不宜小于320kg/m^3；

当强度等级要求较高或地下水有腐蚀性时，胶凝材料用量可通过试验调整。

② 在满足混凝土抗渗等级、强度等级和耐久性条件下，水泥用量不宜少于 260kg/m³。

③ 砂率宜为 35%~40%，泵送时可增至 45%。

④ 灰砂比宜为 1:1.5~1:2.5。

⑤ 水胶比不得大于 0.50，有侵蚀性介质时水胶比不宜大于 0.45。

⑥ 普通防水混凝土坍落度不宜大于 50mm。防水混凝土采用预拌混凝土时，入泵坍落度宜控制在 120~160mm，入泵前坍落度每小时损失值不应大于 20mm，坍落度总损失值不应大于 40mm。

⑦ 掺加引气剂或引气型减水剂时，混凝土含气量应控制在 3%~5%。

⑧ 防水混凝土采用预拌混凝土时，缓凝时间宜为 6~8h。

（3）防水混凝土配料称量   防水混凝土配料必须按配合比准确称量，每工作班检查不应少于两次，在每盘混凝土中，水泥、水、外加剂、掺合料的计量允许偏差控制在 ±2% 以内，砂、石允许偏差控制在 ±3% 以内。使用减水剂时，减水剂宜预溶成一定浓度的溶液。

（4）混凝土的搅拌和运输   防水混凝土拌合物必须采用机械搅拌，搅拌时间不应小于 2min。掺外加剂时，应根据外加剂的技术要求确定搅拌时间。防水混凝土拌合物在运输后出现离析，必须进行二次搅拌。当坍落度损失后不能满足施工要求时，应加入原水胶比的水泥浆或二次掺加同品种的减水剂进行搅拌，严禁直接加水。

（5）防水混凝土的浇筑   防水混凝土应连续浇筑，宜少留施工缝。当留设施工缝时，应符合下列规定：

① 墙体水平施工缝不应留在剪力最大处或底板与侧墙的交接处，应留在高出底板表面不小于 300mm 的墙体上。拱（板）墙结合的水平施工缝，宜留在拱（板）墙接缝线以下 150~300mm 处。墙体有预留孔洞时，施工缝距孔洞边缘不应小于 300mm。

② 垂直施工缝应避开地下水和裂隙水较多的地段，并宜与变形缝相结合。

③ 水平施工缝浇筑混凝土前，应将其表面浮浆和杂物清除，然后铺净浆或涂刷混凝土界面处理剂、水泥基渗透结晶型防水涂料等，再铺 30~50mm 厚的 1:1 水泥砂浆，并应及时浇筑混凝土。

④ 遇水膨胀止水条（胶）应与接缝表面密贴；选用的遇水膨胀止水条（胶）应具有缓胀性能，7 天的净膨胀率不宜大于最终膨胀率的 60%，最终膨胀率宜大于 220%。

⑤ 采用中埋式止水带或预埋式注浆管时，应定位准确、固定牢靠。

（6）防水混凝土的振捣   防水混凝土应采用机械振捣密实，避免漏振、欠振和超振。

（7）防水混凝土的养护和冬期施工时的要点   防水混凝土终凝后应立即进行养护，养护时间不少于 14 天。

防水混凝土在冬期施工时，应符合下列规定：

① 混凝土入模温度不应低于 5℃。

② 混凝土养护应采用综合蓄热法、蓄热法、暖棚法、掺化学外加剂等方法，不得采用电热法或蒸气直接加热法。

③ 应采取保湿保温措施。

（8）大体积防水混凝土的施工   大体积防水混凝土的施工，应符合下列规定：

① 在设计许可的情况下，掺粉煤灰混凝土设计强度等级的龄期宜为 60 天或 90 天。

② 宜选用水化热低和凝结时间长的水泥。

③ 宜掺入减水剂、缓凝剂等外加剂和粉煤灰、磨细矿渣粉等掺合料。

④ 炎热季节施工时，应采取降低原材料温度、减少混凝土运输时吸收外界热量等降温措施，入模温度不应大于 30℃。

⑤ 如混凝土内部预埋管道，宜进行水冷散热。

⑥ 应采取保温保湿养护。混凝土中心温度与表面温度的差值不应大于 25℃，表面温度与大气温度的差值不应大于 20℃，温降梯度不得大于 3℃/d，养护时间不应少于 14 天。

3.1.4 安全、质检与环保

1. 施工安全技术

① 施工人员要严格遵守国家颁布的《建筑安装安全技术规程》，所有操作及相关设备必须符合相关安全规范、规程标准。在施工前，应做好工程技术交底工作。

② 现场施工人员必须戴安全帽，振捣人员必须穿绝缘鞋，戴绝缘手套。

③ 在拆模和吊运其他构件时，不得碰坏施工缝企口及撞动止水带。保护好穿墙管和预埋件的位置，防止振捣时挤扁穿墙管或预埋件移位。

④ 保护好穿墙管、电线管、电器盒及预埋件等，振捣时勿挤偏或使预埋件挤入混凝土内。

⑤ 各种施工设备，施工前必须经操作人员、安全员、机械设备管理员检验合格，严防机械伤人。

⑥ 禁止在混凝土初凝后、终凝前在其上面推车或堆放物品。

⑦ 在支模、绑扎钢筋、浇灌混凝土等整个施工过程中注意保护后浇带部位的清洁，不得随意将建筑垃圾抛在后浇带内。

⑧ 临时照明、振动棒等所有电线注意穿管保护，严禁搭设在脚手架等物品上。

⑨ 施工用电采用 TN-S 供电方式，三级配电两级保护，开关箱中必须设置漏电保护器。

⑩ 用简易梯子作为人员上下基坑的走道。

2. 施工质量标准与检查评价

防水混凝土工程的施工质量与评价是按照国家标准《地下防水工程质量验收规范》（GB 50208—2011）执行的，通过对照规范中主控项目和一般项目的规定进行检查评价。

防水混凝土质量标准和检验方法见表 3-3。

表 3-3 防水混凝土质量标准和检验方法

序号	项目	质量要求	检验方法
1	主控项目	防水混凝土的原材料、配合比及坍落度必须符合设计要求	检查产品合格证、产品性能检测报告、计量措施和材料进场检验报告
2		防水混凝土的抗压强度和抗渗性能必须符合设计要求	检查混凝土抗压强度、抗渗性能检验报告
3		防水混凝土结构的变形缝、施工缝、后浇带、穿墙管、埋设件等设置和构造必须符合设计要求	观察检查和检查隐蔽工程验收记录

（续）

序号	项目	质量要求	检验方法
4	一般项目	防水混凝土结构表面应坚实、平整，不得有露筋、蜂窝等缺陷；埋设件位置应准确	观察检查
5		防水混凝土结构表面的裂缝宽度不应大于 0.2mm，且不得贯通	用刻度放大镜检查
6		防水混凝土结构厚度不应小于 250mm，其允许偏差为 +8mm、-5mm；主体结构迎水面钢筋保护层厚度不应小于 50mm，其允许偏差为 ±5mm	尺量检查和检查隐蔽工程验收记录

3. 环保要求及措施

① 水泥、砂、石等原材料要存放整齐。

② 使用防水剂时要避免污染环境。

③ 优先使用商品混凝土，减少环境污染。

④ 采取减少噪声的措施，以免扰民。

任务 3.2 地下工程卷材防水施工

导入案例

工程概况：某工程地处填海区，濒临海边，常年地下水位标高为 -4.20m，地下水极为丰富。工程由地下 1 层、地上 6 栋 26~30 层高层塔楼组成，总占地面积 33894m²，总建筑面积 115882m²，建筑最大总高度为 106.68m。其结构形式为框架剪力墙结构，地下室埋深 5.40m。该工程基础为桩基础，采用冲（钻）孔灌注桩和预应力静压管桩。

工程地下室底板厚 400~500mm、侧墙厚 400mm，底板采用 C35、P8 自防水混凝土，侧墙采用 C35、P6 自防水混凝土，底板及外侧墙附加防水采用 1.5mm 厚 CPS-CL 反应粘结型高分子湿铺防水卷材（单面粘）+CPS 反应粘结型高分子湿铺防水卷材（双面粘），防水设防等级为一级。

本工程施工图纸已通过了图纸会审，已制定了防水施工方案，施工前向施工队进行了详细的技术安全交底。

工作任务

能根据设计图纸和现场具体情况制定地下工程卷材防水施工方案，并组织施工。

能力目标

能够选择合理的卷材防水施工材料；能够编制地下卷材防水施工方案并组织施工；能够对进场材料进行质量检验；能够组织地下防水工程安全施工；能够进行地下卷材防水施工质量控制与验收。

知识目标

了解防水卷材品种和质量要求；熟悉地下防水细部构造；掌握地下工程防水卷材施工工艺。

3.2.1 地下工程防水细部构造

地下工程施工缝、底板变形缝、底板后浇带、套管式穿墙管、侧墙竖向变形缝、顶板变形缝、顶板后浇带、桩头、地下室桩承台、底板侧墙顶板交角、地下室侧墙外防内贴防水构造如图3-13~图3-23所示。

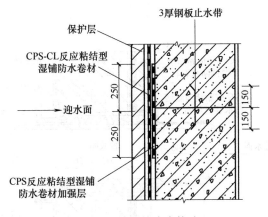

图 3-13 施工缝防水构造

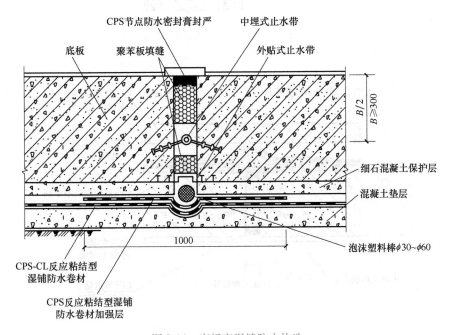

图 3-14 底板变形缝防水构造

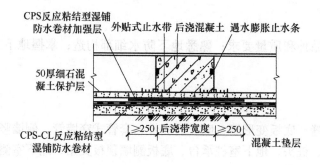

图 3-15　底板后浇带防水构造

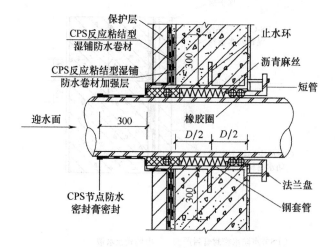

图 3-16　套管式穿墙管防水构造

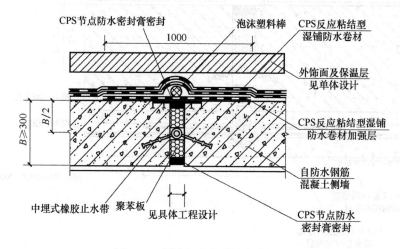

图 3-17　侧墙竖向变形缝防水构造

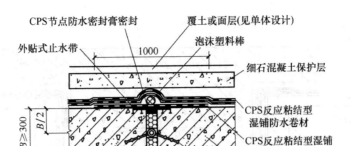

图 3-18 顶板变形缝防水构造

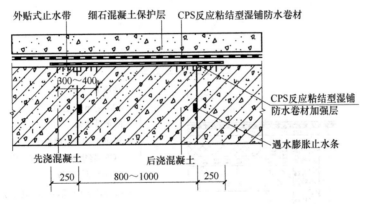

图 3-19 顶板后浇带防水构造

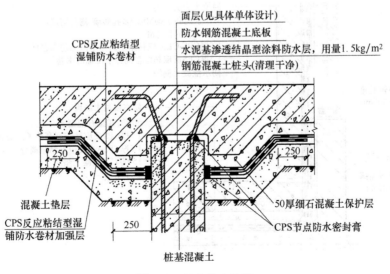

图 3-20 桩头防水构造

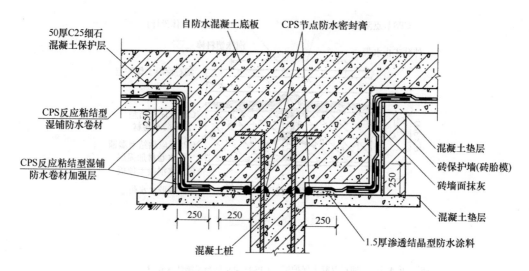

图 3-21　地下室桩承台防水构造

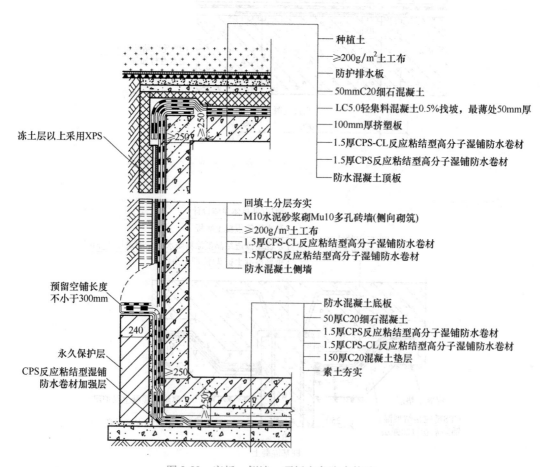

图 3-22　底板、侧墙、顶板交角防水构造

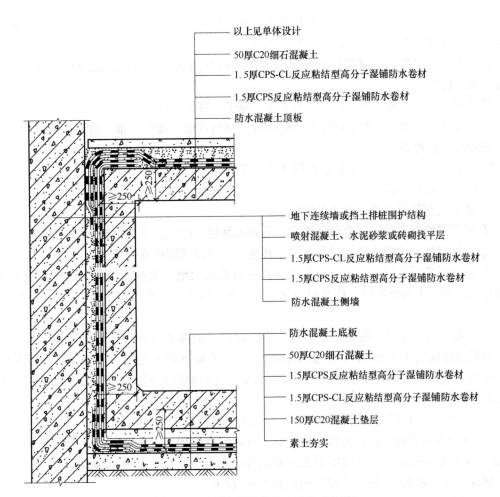

图 3-23　地下室侧墙外防内贴防水构造

图中标注（从上至下）：
- 以上见单体设计
- 50厚C20细石混凝土
- 1.5厚CPS-CL反应粘结型高分子湿铺防水卷材
- 1.5厚CPS反应粘结型高分子湿铺防水卷材
- 防水混凝土顶板

- 地下连续墙或挡土排桩围护结构
- 喷射混凝土、水泥砂浆或砖砌找平层
- 1.5厚CPS-CL反应粘结型高分子湿铺防水卷材
- 1.5厚CPS反应粘结型高分子湿铺防水卷材
- 防水混凝土侧墙

- 防水混凝土底板
- 50厚C20细石混凝土
- 1.5厚CPS反应粘结型高分子湿铺防水卷材
- 1.5厚CPS-CL反应粘结型高分子湿铺防水卷材
- 150厚C20混凝土垫层
- 素土夯实

3.2.2　使用材料与机具

1. 主要材料

1.5mm 厚 CPS-CL 反应粘结型高分子湿铺防水卷材（单面粘）+CPS 反应粘结型高分子湿铺防水卷材（双面粘）；CPS 防水密封膏。

2. 主要机具

1）基层清理工具：钢丝刷、扫帚、小平铲、锤子等。

2）施工工具：铁抹子、电动搅拌器、配料桶（定做66.5~133L）、木刮板、塑料刮板、橡胶压辊、剪刀或裁纸刀、粉笔、钢卷尺、皮卷尺、墨盒等。

3）防护工具：工作服、安全帽、橡胶手套、平底橡胶鞋等。

3.2.3　地下工程卷材防水施工

1. 施工前准备工作

（1）技术准备　施工前要熟悉图纸，了解设计意图；编制施工方案，明确施工段划分、施工顺序、施工方法、施工进度、操作要点、技术措施、质量标准、安全注意事项；确定施工中的检验程序；做好施工记录；进行技术交底。

（2）材料机具准备　材料机具准备包括防水材料的进场和抽检，配套材料准备，机具进场、试运转等。

基层清理工具：钢丝刷、扫帚、小平铲、锤子、冲洗水管等。

施工机具：铁抹子、电动搅拌器、配料桶、塑料刮板、橡胶压辊、剪刀或裁纸刀、钢卷尺、皮卷尺、墨盒等。

防护工具：工作服、安全帽、橡胶手套、平底橡胶鞋、安全带（绳）等。

（3）现场条件准备

① 基层表面基本平整，且充分润湿。

② 基层穿墙管安装应符合设计要求，各种预埋构、配件已安装完毕，固定牢固。

③ 基层突出结构的连接处以及基层的转角处，应做成圆弧或钝角。

④ 施工时基面不得有明水。如果地下室基坑积水由地下水渗漏引起，这种情况下无法进行施工，必须先打好垫层，待垫层固化后，在防水施工前把水清理干净。

2. 施工要点

（1）施工工艺流程　施工工艺流程：基层清扫→细部节点处理、附加增强层施工→平面大面积湿铺铺贴 1.5mm 厚 CPS 反应粘结型高分子湿铺防水卷材（双面粘）→干粘铺贴 1.5mm 厚 CPS-CL 反应粘结型高分子湿铺防水卷材（单面粘）→防水层验收→揭除防水卷材上表面隔离膜→施工保护层。

（2）CPS 反应粘结型高分子湿铺防水卷材湿铺施工工艺

1）水泥基黏合胶配制：先将 1 份水倒入备好的拌浆桶，再将 2 份水泥放入水中，浸泡 15~20min 并充分浸透后，把桶里多余的水倒掉；温度较高时，加入水泥用量 5%~8% 的聚合物建筑胶（保水剂），用电动搅拌机搅拌 5min 以上。

2）刮涂水泥基黏合胶：黏合胶刮涂厚度应视基层平整度而定，一般厚度为 1.5~2.5mm。

3）铺贴卷材：撕开下表面隔离膜后，将卷材平铺在黏合胶上。卷材采用湿铺搭接法接边，长边搭接宽度 80mm，短边搭接宽度 100mm。卷材铺贴后用橡皮胶板提浆、排气，使卷材与黏合胶贴紧。

4）晾放：晾放 24~48h（视环境温度而定，温度越高所需时间越短。高温天气下，防水层应遮盖以防暴晒，水泥基黏合胶达到一定强度后方可进行其他工序施工。

5）自检：检查所有卷材面有无撕裂、刺穿、气泡情况，如存在缺陷将缺陷部位清理干净（气泡部位切开排气），并在上面加盖卷材附加层，附加层用压轮压实、压紧，密封处理。

6）防水层验收：自检合格后组织防水层验收工作，并填写相关验收报告。

（3）外防外贴法铺贴卷材防水层施工要求

① 应先铺平面后铺立面，交接处应交叉搭接。

② 临时性保护墙宜采用石灰砂浆砌筑，内表面宜做找平层。

③ 从底面折向立面的卷材与永久性保护墙的接触部位，应采用空铺法施工；卷材与临时性保护墙或围护结构模板的接触部位，应将卷材临时贴附在该墙或模板上，并应将顶端临时固定。

④ 当不设保护墙时，从底面折向立面的卷材接槎部位应采取可靠的保护措施。

⑤ 混凝土结构已完成、铺贴立面卷材时，应先将接槎部位的各层卷材揭开，并将其表面清理干净。如卷材有局部损伤，应及时进行修补。卷材接槎的搭接长度，高聚物改性沥青类卷材应为150mm，合成高分子类卷材应为100mm。当使用两层卷材时，卷材应错槎接缝，上层卷材应盖过下层卷材。

（4）外防内贴法铺贴卷材防水层施工要求

① 混凝土结构的保护墙内表面应抹厚度为20mm的1∶3水泥砂浆找平层，然后铺贴卷材。

② 卷材宜先铺立面，后铺平面；铺贴立面时，应先铺转角，后铺大面。

3.2.4 安全、质检与环保

1. 施工安全技术

① 防水层施工中或防水层已完成而保护层未完成时，禁止任何无关人员进入现场。严禁穿带铁钉、铁掌的鞋进入现场，严禁尖锐物体撞击扎伤卷材防水层。

② 防水层施工完毕后，不能在防水层上开洞、钻孔安装机器设备。立面防水卷材的临时甩槎，应有固定和保护措施，以免防水材料断裂损伤。

③ 在雪天、五级及以上大风天气时以及环境温度低于5℃时，不宜施工。若施工中途下雨、下雪，应做好已铺卷材周边的防护工作。

④ 湿铺卷材防水层采用冷作业施工，材料进入工作面后若动用明火（如焊火花等），则卷材面需设临时保护措施。

⑤ 卷材铺设后，要注意后续的保护。钢筋笼要轻放，不能在防水层上拖动，以避免对防水层产生破坏；钢筋的移动需使用撬棍时应在其下设木垫板，以避免破坏卷材。

⑥ 卷材进工地施工前禁止太阳暴晒，以免温度过高隔离膜（纸）较难揭开；湿铺法施工因温度过高隔离膜（纸）难揭开时，可在膜面淋冷水降温后再揭开。

2. 施工质量标准与检查评价

卷材防水层质量标准和检验方法见表3-4。

3. 环保要求及措施

① 所有施工人员进场前，都必须进行三级安全教育，并履行安全交底签字手续。

② 进场施工人员应自觉遵守施工现场安全文明公约和规章制度。

③ 操作人员佩戴好安全帽、帆布手套，穿工作服及软底鞋，注意人身安全。

④ 每日施工完毕后都必须做到工完场清，垃圾归堆。

⑤ 现场及仓库材料必须堆放整齐，保证不乱不散。

表3-4　卷材防水层质量标准和检验方法

序号	项目	质量要求	检验方法
1	主控项目	卷材防水层所用卷材及其配套材料必须符合设计要求	检查产品合格证、产品性能检测报告和材料进场检验报告
2		卷材防水层在转角处、变形缝、施工缝、穿墙管等部位的做法必须符合设计要求	观察检查和检查隐蔽工程验收记录

（续）

序号	项目	质量要求	检验方法
3	一般项目	卷材防水层的搭接缝应黏贴或焊接牢固，密封严密，不得有扭曲、皱褶、翘边和起泡等缺陷	观察检查
4		采用外防外贴法铺贴卷材防水层时，立面卷材接槎的搭接宽度，高聚物改性沥青类卷材应为150mm，合成高分子类卷材应为100mm，且上层卷材应盖过下层卷材	观察和尺量检查
5		侧墙卷材防水层的保护层与防水层应结合紧密、保护层厚度应符合设计要求	观察和尺量检查
6		卷材搭接宽度的允许偏差为−10mm	观察和尺量检查

任务3.3　地下工程涂膜防水施工

导入案例

工程概况：某高层住宅建筑面积为9265.61m²，共18层，一层层高为3.6m，标准层层高为3.0m，建筑高度为54.8m，屋顶为平屋顶。结构形式为框架剪力墙，抗震设防烈度为6度。该项目等级为一级，设计使用年限为50年，耐火等级一级，地下室防水等级一级，地下室外墙防水层采用CPS防水密封膏，涂层厚度1.5mm，分两遍涂刮。

本工程施工图已通过会审，编制了地下防水施工方案，现场条件满足防水涂料施工要求，机具、材料已备齐，施工前向施工队进行了详细的技术、安全交底，现场专业技术人员、质检员、安全员、防水工等准备就绪。

工作任务

能根据地下工程不同的结构特点和现场情况制定相应的涂膜防水施工方案。

能力目标

熟悉涂膜防水施工，能够描述常见防水涂料的种类特点及适用范围；能够编制地下工程涂膜防水施工方案；能够对进场材料进行质量检验；能够组织地下工程涂膜防水施工；能够对地下工程涂膜防水施工质量进行检查与验收；能够组织地下防水工程安全施工。

知识目标

了解常用涂膜防水材料的品种、适用范围和质量要求；熟悉地下工程涂膜防水的构造层次和细部构造；掌握常用地下工程涂膜防水施工工艺。

3.3.1　地下工程涂膜防水构造

地下工程涂膜防水构造如图3-24和图3-25所示。

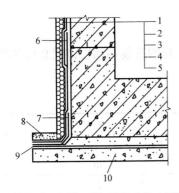

图 3-24　防水涂料外防外涂构造
1—保护墙　2—砂浆保护层　3，6—涂料防水层
4—砂浆找平层　5—结构墙体　7—涂料防水
加强层　8—涂料防水层搭接部位保护层
9—涂料防水层搭接部位　10—混凝土垫层

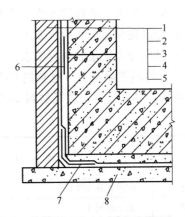

图 3-25　防水涂料外防内涂构造
1—保护墙　2—砂浆保护层　3—涂料防水层
4—找平层　5—结构墙体　6，7—涂料防水加强层
8—混凝土垫层

3.3.2　使用材料与机具

1. 主要材料

CPS 防水密封膏（需涂刷 1.5mm 厚 CPS 防水密封膏）。

2. 主要机具

CPS 防水密封膏涂膜常用施工工具如图 3-26 所示。

滚筒刷：用于涂刷涂料、胶粘剂等。规格：$\phi60\text{mm}\times125\text{mm}$、$\phi60\text{mm}\times250\text{mm}$。

毛刷：用于涂刷涂料。

橡胶刮板：用于刮涂涂料。

钢丝刷：用于清除基层灰浆。

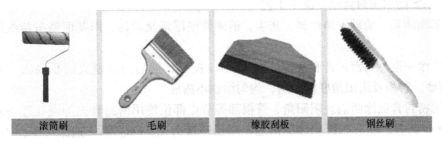

图 3-26　CPS 防水密封膏涂膜常用施工工具

3.3.3　地下工程涂膜防水施工

1. 施工前准备工作

（1）技术准备

① 熟悉和会审图纸，掌握并了解设计意图，收集有关该品种涂膜防水的有关资料。

② 编制防水工程施工方案。

③ 向操作人员进行技术交底和培训。

④ 确定质量目标和检验要求。

⑤ 提出施工记录的内容要求。

（2）材料机具准备　材料机具准备包括 CPS 防水密封膏的进场和抽检，配套材料准备，机具进场、试运转等。进场材料要求见表 3-5。

表 3-5　CPS 防水密封膏主要技术指标

序　号	项　　　目		指标 P	
			I	II
1	固体含量（%）	≥	70	
2	表干时间/h	≤	2	
3	粘结强度/MPa	与水泥砂浆干燥基面≥	0.5 并 100% 内聚破坏	0.7 并 100% 内聚破坏
		与水泥砂浆潮湿基面≥	0.3 并 100% 内聚破坏	0.5 并 100% 内聚破坏
4	与水泥同步固化黏结强度/MPa	与素水泥浆	0.5 并 100% 内聚破坏	
		与混凝土		
		与水泥砂浆		
5	不透水性		0.3MPa，30min 不透水	
6	低温柔性		−10℃，2h，无裂纹	−20℃，2h，无裂纹
7	耐热性		80℃，5h，无流淌、滑动、滴落，表面无密集气泡	

（3）现场条件准备　穿过墙体和楼板的管道已安装并验收完毕，管道周边缝隙已用水泥砂浆封堵并已干燥。涂刷 CPS 防水密封膏前，先将基层表面及穿过墙体和楼板管壁上的浮浆、灰尘等清扫干净，旧基面需凿新或用钢丝刷打磨刷新，检查基层无不平、空裂、起砂等缺陷，方可进行下道工序。

2. 施工要点

（1）CPS 防水密封膏涂刷施工工艺流程　基层清理→大面积刮涂密封膏→阴阳角、管根多涂一遍加强层→晾干养护→后续施工。

（2）CPS 防水密封膏涂刷施工工艺

1）基面清理。清理干净浮浆、灰尘，清理管壁浮浆及油污，旧基面需凿新或用钢丝刷打磨刷新。

2）底涂一遍。将密封膏和水按体积比 1∶1 配置，然后用滚刷大面积底涂一遍，均匀涂刷不露底。管根及阴阳角底涂一遍，均匀涂刷不露底。

3）用密封膏面涂两遍。阴阳角、管根部等节点部位使用密封膏先加强处理一遍，根部厚度为 2mm 为宜。然后大面积涂刷两遍，涂层厚度为 1.5mm。第一遍涂层干固不黏手后，可涂第二遍，前后两遍涂刷方向应垂直。

4）晾干养护。

3.3.4　安全、质检与环保

1. 施工安全技术

涂料防水层完工并经验收合格后应及时做保护层。保护层应符合下列规定：

① 顶板的细石混凝土保护层与防水层之间宜设置隔离层。细石混凝土保护层厚度：机

械回填时不宜小于 70mm，人工回填时不宜小于 50mm。

② 底板的细石混凝土保护层厚度不应小于 50mm。

③ 侧墙宜采用软质保护材料或铺抹 20mm 厚 1：2.5 水泥砂浆。

④ 涂料防水层分项工程检验批的抽检数量，应按铺贴面积每 100m² 抽查 1 处，每处 10m²，且不得少于 3 处。

2. 施工质量标准与检查评价

涂料防水层质量标准和检验方法见表 3-6。

表 3-6　涂料防水层质量标准和检验方法

项次	项目	质 量 要 求	检 验 方 法
1	主控项目	涂料防水层所用的材料及配合比必须符合设计要求	检查产品合格证、产品性能检测报告、计量措施和材料进场检验报告
2		涂料防水层的平均厚度应符合设计要求，最小厚度不得低于设计厚度的 90%	用针测法检查
3		涂料防水层在转角处、变形缝、施工缝、穿墙管等部位的做法必须符合设计要求	观察检查和检查隐蔽工程验收记录
4	一般项目	涂料防水层应与基层黏结牢固、涂刷均匀，不得流淌、鼓泡、露槎	观察检查
5		涂层间夹铺胎体增强材料时，应使防水涂料浸透胎体覆盖完全，不得有胎体外露现象	观察检查
6		侧墙涂料防水层的保护层与防水层应结合紧密，保护层厚度应符合设计要求	观察检查

地下涂膜防水工程施工完毕后，先由施工班组自行按照地下涂膜防水施工质量验收规范进行质量检查和验收，然后各班组之间进行互检，并提交验收表格，最后由工程技术人员组织各班组进行验收。

3. 环保要求及措施

① 温度低于 5℃、高于 40℃不宜施工，空气湿度太大的情况下不宜施工。

② 施工温度宜在 5℃以上，施工时要保持空气流通。

③ 尚未用完的涂料必须将桶盖密封，下次可继续使用，避免材料浪费。

④ 工程垃圾宜密封包装，并放在指定垃圾堆放地。

⑤ CPS 防水密封膏为水性环保产品，施工完毕后，施工工具与衣物应在密封膏未固化前及时用水清洗。

⑥ 运送、放置施工机具和料桶时，应在已施工的涂膜上放垫纸板保护。

任务 3.4　地下工程塑料防水板防水层施工

 导入案例

工程概况：某工程为框架剪力墙结构，地上 31 层，地下 2 层，基坑深度约 8m，主体结

构总高度约 111.6m，主塔楼结构采用核心筒剪力墙结构，地下结构防水工程主要是地下室底板及侧墙防水。地下室设计防水等级为二级，侧墙及底板混凝土强度为 C40，混凝土抗渗等级为 P12。本工程采用了钢筋混凝土结构自防水加成品塑料防水板的防水做法，防水面积约 11800m²。

本工程地下结构施工完毕并经验收合格，施工现场满足地下防水工程施工要求，图纸已通过会审，已编制了地下结构工程防水施工方案。防水材料：聚氯乙烯（PVC）塑料防水板及缓冲层材料、聚乙烯泡沫塑料等。

施工机具：锚焊机、射钉枪、电锤、电烙铁、调压器、小锤、螺钉旋具（螺丝刀）、锤子等工具已准备就绪。

现场条件：基层表面基本平整，穿墙管安装符合设计要求，各种预埋构、配件已安装完毕，固定牢固；施工负责人已向班组进行技术交底；现场专业技术人员、质检员、安全员、防水工等已准备就绪。

工作任务

能根据设计图纸和地下工程具体情况制定地下工程防水板防水施工方案，并组织施工。

能力目标

能够选择合理的防水施工材料；能够编制地下防水施工方案并组织施工；能够对进场材料进行质量检验；能够组织地下防水工程安全施工；能够进行地下塑料防水板防水施工质量控制与验收。

知识目标

了解防水板品种和质量要求；熟悉地下工程防水板防水构造；掌握地下工程防水板施工工艺。

知识链接

地下工程柔性防水除了卷材和涂膜防水外，常见的还有塑料板防水层和金属板防水层。塑料防水板的种类有乙烯—醋酸乙烯共聚物（EVA）、乙烯—共聚物沥青（ECB）、聚氯乙烯（PVC）、高密度聚乙烯（HDPE）、低密度聚乙烯（LDPE）及其他塑料防水板。

塑料防水板防水层应由塑料防水板与缓冲层组成。塑料防水板防水层宜在初期支护结构趋于基本稳定并经验收合格后方可进行铺设；塑料防水板防水层可根据工程地址、水文地质条件和工程防水要求采用全封闭、半封闭和局部封闭铺设；铺设防水板的基层宜平整、无尖锐物。基层平整度应符合 $D/L=1/10 \sim 1/6$ 的要求，式中 D 为初期支护基层相邻两凸面凹进去的深度，L 是初期支护基层相邻两凸面间的距离。塑料防水板防水层应牢固地固定在基面上，固定点的间距应根据基面平整情况确定，拱部宜为 $0.5 \sim 0.8$m、边墙宜为 $1.0 \sim 1.5$m、底部宜为 $1.5 \sim 2.0$m。局部凹凸较大时，应在凹处加密固定点。

3.4.1 塑料防水板防水层的构造

铺设塑料防水板前应先铺缓冲层。缓冲层应用暗钉圈固定在基层上，暗钉圈固定缓冲层示意如图 3-27 所示。

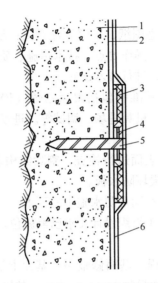

图 3-27 暗钉圈固定缓冲层示意

1—初期支护 2—缓冲层 3—热塑性圆垫圈 4—金属垫圈 5—射钉 6—防水板

3.4.2 使用材料与机具

1. 主要材料

（1）聚氯乙烯（PVC）塑料防水板 幅宽 2~4m，厚度 1~2mm，应具有良好的耐穿刺性、耐久性、耐水性、耐腐蚀性、耐菌性。其物理力学性能见表 3-7。用于初期支护与二次衬砌间的结构防水。

表 3-7 PVC 塑料防水板物理力学性能

项目	拉伸强度/MPa	断裂延伸率（%）	热处理时变化率（%）	低温弯折性	抗渗性
指标	≥12	≥200	≤2.5	−20℃无裂纹	0.2MPa，24h 不透水

（2）聚乙烯泡沫塑料缓冲层 铺设塑料防水板应先铺缓冲层，缓冲层应用暗钉圈固定在基面上，钉距应符合设计要求。缓冲层材料性能指标见表 3-8。

表 3-8 缓冲层材料性能指标

材料名称	抗拉强度/（N/50mm）	伸长率（%）	质量/（g/m²）	顶破强度/kN	厚度/mm
聚乙烯泡沫塑料	>0.4	≥100	—	≥5	≥5
无纺布	纵横向≥700	纵横向≥50	>300	—	—

2. 主要机具

锚焊机、射钉枪、电锤、电烙铁、调压器、小锤、螺钉旋具、锤子、卡丝钳、剪刀等。

3.4.3　塑料防水板防水层的施工过程

1. 施工前准备工作

（1）技术准备　施工前要熟悉图纸，了解设计意图；编制施工方案，明确施工段划分、施工顺序、施工方法、施工进度、操作要点、技术措施、质量标准、安全注意事项；确定施工中的检验程序；做好施工记录；进行技术交底。

（2）材料机具准备　材料机具准备包括聚氯乙烯（PVC）塑料防水板的进场和抽检、聚乙烯泡沫塑料缓冲层材料准备，机具进场、调试等。进场材料要求见表3-7和表3-8。

（3）现场条件准备

① 防水板铺设前，应对铺设表面进行检查，割除结构表面外露的模板对拉螺栓钢筋等硬物，不平处补喷、抹平，以防损坏防水板。

② 施工场地经过交接检验已经满足防水施工的要求。

③ 专业防水施工人员按照施工组织设计要求已经就位。

2. 施工要点

（1）塑料防水板施工工艺流程　基面修整→在基面上设置挂点→铺设聚乙烯泡沫塑料缓冲层→安装热塑性圆垫圈→挂塑料防水板→防水板与垫圈焊接→防水板破损检验并补焊→防水板幅间焊接→防水板幅间焊缝充气检验。

（2）塑料防水板施工工艺

① 暗钉圈应采用与塑料防水板同材质或可与塑料防水板熔焊在一起的材料制作，其直径不应小于80mm。

② 塑料防水板防水层的基面应平整、无尖锐凸出物。基面平整度 D/L 不应大于1/6（D 为初期支护基面相邻两凸面间凹进去的深度，L 为初期支护基面相邻两凸面间的距离）。

③ 铺设塑料防水板时，宜由拱顶向两侧展铺，边铺边用压焊机将塑料板与暗钉圈焊接牢靠，不得有漏焊、假焊和焊穿现象。两幅塑料防水板的搭接宽度不应小于100mm。搭接缝应为热熔双焊缝，每条焊缝的有效宽度不应小于10mm；环向铺设时，先拱后墙，下部防水板压住上部防水板；塑料防水板铺设时宜设置分区预埋注浆系统；分段设置塑料防水板防水层时，两端应采取封闭措施。

④ 接缝焊接时，塑料板的搭接层数不得超过三层。塑料防水板应整环一次铺设，少留或不留接头，必须留设接头时，应对其进行保护。再次焊接时应将接头处的塑料防水板擦拭干净，保证焊接质量。铺设塑料防水板时，不应绷得太紧，宜根据基面的平整度留有充分的余地。防水板的铺设应超前混凝土施工，其距离宜为5~20m，并设临时挡板防止机械损伤和电火花灼伤防水板。

3.4.4　安全、质检与环保

1. 施工安全技术

1）防水板作业用操作台必须牢固、稳定，具有足够的刚度和强度。

2）高处作业时必须佩戴好安全帽并系好安全绳。

3）基面清理时必须干净、彻底。表面抹平及补喷混凝土严格按要求施工，以保证防水板铺挂时不受损伤。

4）防水板铺挂时应从上而下进行，下部防水板应压住上部防水板，并按要求预留一定的富余量。两幅防水板搭接宽度不小于 15cm。

5）防水板焊接时采用自动爬行式热合机焊接，焊接时采用双焊缝，并应采取措施保证焊接严密，不得焊焦焊穿。

6）防水板铺设应设临时挡板防止机械损伤和电火花灼伤防水板。

2. 施工质量标准与检查评价

塑料防水板质量标准和检验方法见表 3-9。

表 3-9　塑料防水板质量标准和检验方法

序号	项目	质量要求	检验方法
1	主控项目	塑料防水板及其配套材料必须符合设计要求	检查产品合格证、产品性能检测报告和材料进场检验报告
2		塑料防水板的搭接缝必须采用双缝热熔焊接，每条焊缝的有效宽度不应小于 10mm	双焊缝间空腔内充气检查和尺量检查
3	一般项目	塑料防水板应采用无钉孔铺设，其固定点的间距应符合规范规定	观察和尺量检查
4		塑料防水板与暗钉圈应焊接牢靠，不得漏焊、假焊和焊穿	观察检查
5		塑料防水板的铺设应平顺，不得有下垂、绷紧和破损现象	观察检查
6		塑料防水板搭接宽度的允许偏差为 -10mm	尺量检查

3. 环保要求及措施

① 防水板铺挂完成后应对作业场地进行清扫，以保持现场的整洁，满足文明施工的要求。

② 临时工程及场地布置应采取措施保护自然环境。

③ 施工场地布置时，不得堆放任何含有害物质的材料或废弃物。施工废水、生活污水和生活垃圾不得随意丢弃，并在生活区、生产区内设置污水处理池，生活污水或生产废水必须经过污水处理池处理后方可排放至指定地点。

任务3.5　地下管廊防水施工

 导入案例

工程概况：北京华商电力管道地下管廊项目，主要采用矿山法和明挖法开挖隧道并现浇管廊混凝土施工。

该管廊防水设计，矿山法施工全部采用 CPS 反应粘结型高分子预铺防水卷材，做

一道；明挖法施工全部采用 CPS 反应粘结型高分子湿铺防水卷材做外包满粘防水，做两道。

本工程地下矿山法隧道开挖完成，初期支护施工及明挖法开挖隧道管廊混凝土垫层施工完毕并经验收合格，施工现场满足地下防水工程施工要求，图纸已通过会审，已编制了地下结构工程防水施工方案。防水材料进场验收合格，施工工具准备齐全，施工负责人已向班组进行了技术交底；现场专业技术人员、质检员、安全员、防水工等已准备就绪。

🌀 工作任务

能根据设计图纸和地下工程具体情况制定地下综合管廊工程防水施工方案，并组织施工。

🌀 能力目标

能够选择合理的综合管廊防水施工材料；能够编制地下综合管廊防水施工方案并组织施工；能够对进场材料进行质量检验；能够组织地下综合管廊防水工程安全施工；能够进行地下综合管廊防水施工质量控制与验收。

🌀 知识目标

了解地下综合管廊防水材料品种和质量要求；熟悉地下综合管廊防水构造；掌握地下综合管廊防水施工工艺。

知识链接

综合管廊，就是城市地下管道综合走廊，即在城市地下建造一个隧道空间，将电力、通信、燃气、供热、给水排水等各种工程管线集于一体，设有专门的检修口、吊装口和监测系统，实施统一规划、统一设计、统一建设和管理，是保障城市运行的重要基础设施和"生命线"。

综合管廊根据其入廊管线的种类及规模，分为干线综合管廊、支线综合管廊及缆线综合管廊。

(1) 防水设防原则 综合管廊属于地下结构，应按地下结构防水设计遵循的"以防为主、刚柔结合、多道防线、因地制宜、综合治理"原则进行。

"以防为主"：主要是以混凝土自防水为主，首先应保证混凝土、钢筋混凝土结构的自防水能力，为此应采取有效的技术措施，保证防水混凝土达到规范规定的密实性、抗渗性、抗裂性、防腐性和耐久性。

"刚柔结合"：采用结构自防水与外包密封的柔性防水层相结合的防水方式。适应结构变形，隔离地下水对混凝土的侵蚀，增加结构防水性、耐久性。

"多道防线"：除了以混凝土自防水为主，提高其抗裂和抗渗性能外，应辅以柔性防水层，并在围护结构的设计与施工中积极创造条件，满足防水要求，达到互补作用，从而实现整体工程防水的不渗、不漏。细部如变形缝、施工缝等同时设多道防水措施。

（2）防水等级和标准　基于综合管廊的作用和工程所处环境，其防水设防等级为Ⅱ级，含高压电缆和弱电线缆的防水等级为Ⅰ级，并符合国家标准《地下防水工程技术规范》（GB 50108—2008）的要求，在满足结构安全、耐久性和使用要求的同时，坚持"因地制宜、综合治理"的原则。

（3）防水措施　综合管廊的主体结构防水一般选用两道柔性防水材料，设置在结构迎水面，选用的防水材料为抗拉强度高、耐久性好、适应现场环境、可施工性强、能与混凝土主体结构牢固满粘的柔性密封防水系统。具体施工时，底板宜用空铺，顶板及侧墙满粘铺贴。除主体结构的外包柔性密封防水系统外，局部构造如变形缝选用止水带、防水密封材料、卷材加强层等三种以上防水措施，施工缝采用钢板止水带、遇水膨胀止水条、卷材加强层等两种以上防水措施。

3.5.1　地下综合管廊防水层的构造

1. 明挖管廊防水构造做法

采用放坡基坑施工时，或虽设围护结构，但基坑施工条件比较充足的情况下，外墙宜采用外防外贴法铺贴防水层。外防外贴法是待管廊结构钢筋混凝土侧墙施工完成后，直接把防水层铺贴到侧墙上（即地下结构墙的迎水面），最后做防水层的保护层。

当施工条件受到限制，外防外贴法施工难以实施时，可采用外防内贴防水施工法。外防内贴法是指管廊结构钢筋混凝土侧墙施工前先做围护结构（围护结构需找平处理），然后将卷材防水层预先临时固定到围护结构上，最后浇筑侧墙混凝土，与防水层反黏在一起。明挖综合管廊横断面防水及防水总体构造如图3-28所示。

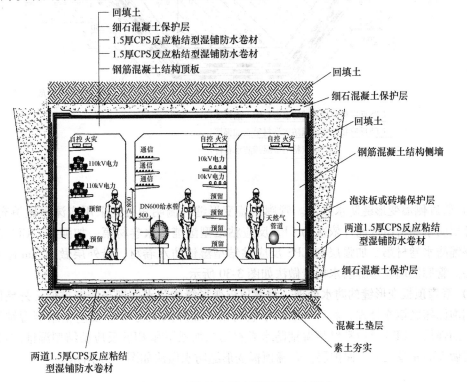

图3-28　明挖综合管廊横断面防水做法

具体部位选材及施工工艺可参照表 3-10 选取。

表 3-10　明挖管廊防水具体部位选材及施工工艺

防水部位	选用材料		施工工艺
	大面积密封材料	节点密封材料	
底板	CPS 反应粘结型湿铺防水卷材	CPS 防水密封膏	空铺法
侧墙	CPS 反应粘结型湿铺防水卷材	CPS 防水密封膏	湿铺法
顶板	CPS 反应粘结型湿铺防水卷材	CPS 防水密封膏	湿铺法

1) 管廊底板变形缝防水做法。在变形缝交界处采用 C15 细石混凝土填充，外层防水卷材依次由内而外用 CPS 反应粘结型湿铺防水卷材做第一加强层，然后继续用 CPS 反应粘结型湿铺防水卷材做第二加强层，外层防水做法继续采用 C15 细石混凝土覆盖处理。管廊底板变形缝防水具体做法如图 3-29 所示。

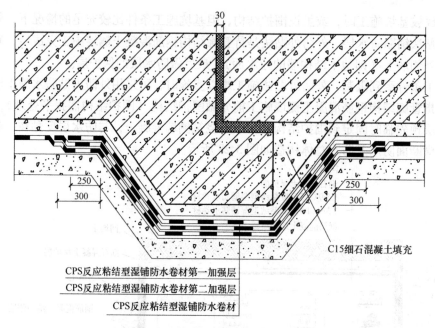

图 3-29　管廊底板变形缝防水做法

2) 管廊侧墙变形缝防水做法。管廊侧墙变形缝外侧阴角处先采用泡沫棒做填充处理，然后外层防水卷材由内而外依次为 CPS 反应粘结型湿铺防水卷材第一加强层，CPS 反应粘结型湿铺防水卷材第二加强层和 CPS 反应粘结型湿铺防水卷材，最外层做 50mm 厚聚苯板保护层。管廊侧墙变形缝防水构造做法如图 3-30 所示。

3) 管廊顶板变形缝的防水处理。管廊顶板变形缝的防水处理与侧墙类似，外墙阴角处先采用泡沫棒做填充处理，然后外层防水卷材由内而外依次为 CPS 反应粘结型湿铺防水卷材第一加强层，CPS 反应粘结型湿铺防水卷材第二加强层和 CPS 反应粘结型湿铺防水卷材，最外层做 50mm 厚聚苯板保护层。管廊顶板变形缝防水做法如图 3-31 所示。

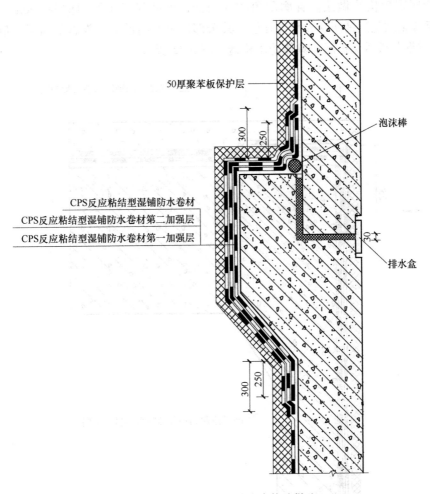

图 3-30 管廊侧墙变形缝防水构造做法

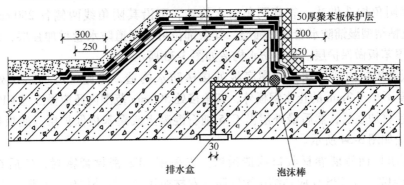

图 3-31 管廊顶板变形缝防水做法

4）管廊阳角构造做法。管廊阳角防水构造，可沿其阳角线两侧各 250mm 处做三道 CPS-CL 反应粘结型湿铺防水卷材加强层，其余部位可做两道防水卷材加强层，最外层用细石混凝土或聚苯板做保护层。具体防水构造如图 3-32 所示。

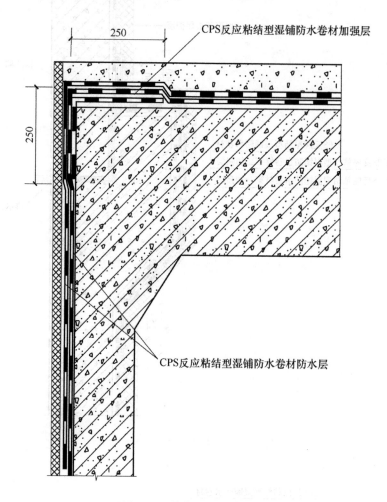

图 3-32 管廊阳角构造做法

5）管廊阴角构造做法。管廊阴角防水构造，可沿其阴角线两侧各 250mm 处做三道 CPS-CL 反应粘结型湿铺防水卷材加强层，其余部位可做两道防水卷材加强层，最外层用细石混凝土或聚苯板做保护层。具体防水构造如图 3-33 所示。

6）底板处接槎构造做法。管廊底板处接槎防水构造，除施工缝面接槎处需要做宽 300mm、厚度不小于 3mm 的止水钢板外，其角接处 500mm 范围内还应做三道 CPS 反应粘结型湿铺防水卷材加强层，然后最外层做 C15 细石混凝土或聚苯板保护层。底板处接槎防水构造具体做法如图 3-34 所示。

7）管廊出地面侧墙卷材收口构造做法。先采用 CPS 密封膏密封，然后在其收口处 300mm 范围内做三道 CPS 反应粘结型湿铺防水卷材加强层，最外层砌筑水泥砂浆加以保护。具体防水构造如图 3-35 所示。

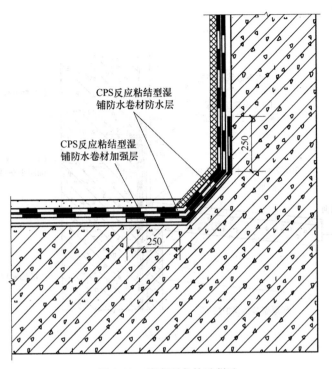

图 3-33 管廊阴角构造做法

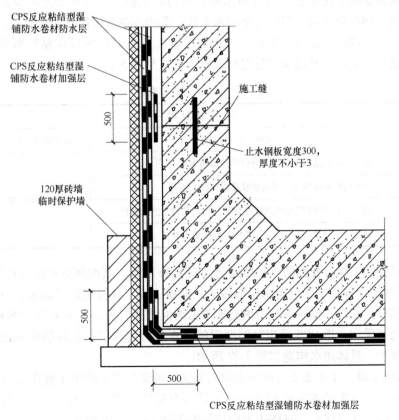

图 3-34 底板处接槎防水构造具体做法

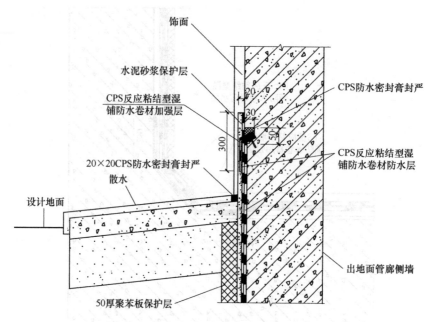

图 3-35 管廊出地面侧墙卷材收口构造做法

2. 暗挖管廊防水构造做法

暗挖管廊防水做法是指除结构自防水外，在初期支护与二次衬砌之间设置预铺防水卷材、防水涂料或塑料防水板，形成衬垫防水系统，利用不透水的防水层将围岩内的水与二次衬砌隔离开来。本项目介绍的暗挖管廊防水构造做法是基于 CPS 反应粘结型高分子自粘胶膜预铺防水卷材之上的，其防水部位选材及施工工艺见表 3-11。

表 3-11 暗挖管廊防水具体部位选材及施工工艺

防水部位	选用材料		施工工艺
	大面积密封材料	节点密封材料	
拱面	CPS 反应粘结型高分子自粘胶膜预铺防水卷材	CPS 防水密封膏	预铺法
侧面	CPS 反应粘结型高分子自粘胶膜预铺防水卷材		
底面	做法（1）CPS 反应粘结型高分子自粘胶膜预铺防水卷材		
	做法（2）CPS 反应粘结型高分子湿铺防水卷材		空铺法

矿山法暗挖施工综合管廊防水具体构造如图 3-36 所示，其细部防水做法如下：

1）隧道边墙、顶板变形缝防水构造做法。隧道边墙、顶板变形缝防水，可先在变形缝中埋橡胶或塑料止水带，然后在其中填充聚苯乙烯泡沫塑料板，外侧采用 CPS 防水密封膏，与土层交界处则采用两道 CPS 反应粘结型湿铺防水卷材加强层，最外层按照设计要求采用喷射混凝土保护。具体防水构造如图 3-37 所示。

2）环向施工缝、水平施工缝的防水构造做法。可先在施工缝中中埋橡胶（塑料）止水带，然后在与土层交界处做两道 CPS 反应粘结型湿铺防水卷材加强层，最外层按照设计要求采用喷射混凝土加以保护。具体防水构造如图 3-38 和图 3-39 所示。

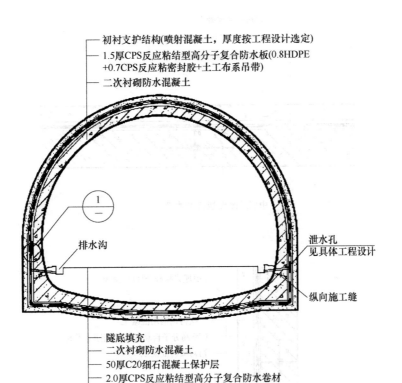

初衬支护结构(喷射混凝土，厚度按工程设计选定)
1.5厚CPS反应粘结型高分子复合防水板(0.8HDPE
+0.7CPS反应粘密封胶+土工布系吊带)
二次衬砌防水混凝土

排水沟

泄水孔
见具体工程设计

纵向施工缝

隧底填充
二次衬砌防水混凝土
50厚C20细石混凝土保护层
2.0厚CPS反应粘结型高分子复合防水卷材
初衬支护结构(喷射混凝土，厚度按工程设计选定)

图 3-36 矿山法暗挖施工综合管廊防水构造

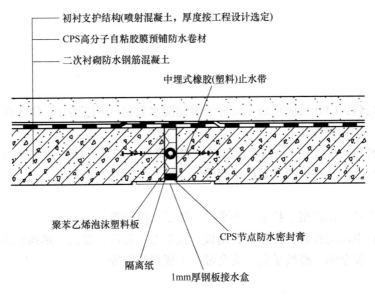

初衬支护结构(喷射混凝土，厚度按工程设计选定)
CPS高分子自粘胶膜预铺防水卷材
二次衬砌防水钢筋混凝土
中埋式橡胶(塑料)止水带

聚苯乙烯泡沫塑料板

CPS节点防水密封膏

隔离纸

1mm厚钢板接水盒

图 3-37 隧道边墙、顶板变形缝防水构造做法

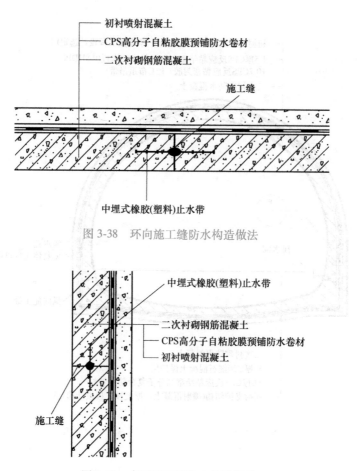

图 3-38   环向施工缝防水构造做法

图 3-39   水平施工缝防水构造做法

3.5.2   使用材料与机具

1. 主要材料

防水主要材料：CPS 反应粘结型高分子湿铺防水卷材（明挖法）、CPS 高分子自粘胶膜预铺防水卷材（矿山暗挖法）。

防水辅助材料（明挖法）：钢板止水带、遇水膨胀止水条、CPS 防水密封膏、P.O 42.5以上普通硅酸盐水泥、水以及建筑保水剂等。

2. 主要机具

基层清理工具：钢丝刷、扫帚、小平铲、锤子、凿子等。

施工工具：电动搅拌器、拌浆桶、刮板、裁纸刀、卷尺、墨盒、热风枪等。

防护工具：安全帽、橡胶手套、安全带、平底橡胶鞋等。

3.5.3   防水层的施工过程

1. 施工前准备工作

（1）技术准备   编制好综合管廊工程施工方案，主要包括：工程概况，质量目标，防水材料的选用及要求，施工要点，成品保护，安全文明施工保证措施，质量验收，施工注意事项。做好施工操作人员的培训，并向班组进行技术和安全交底。

（2）材料机具准备　根据综合管廊防水工程量，提出主要防水材料需用量计划，防水材料进场后按规定进行抽样检查，辅助材料按一个施工段准备充足，机具进场并进行试运转等。

（3）现场条件准备　本工程地下矿山法隧道开挖完成，初期支护施工及明挖法开挖隧道管廊混凝土垫层施工完毕并验收合格。铺贴CPS高分子自粘胶膜预铺防水卷材前，基层应清扫干净，在转角处、变形缝、施工缝、穿墙管等部位应铺贴卷材加强层。

2. 施工要点（明挖法）

1）管廊底板施工工艺：定位、弹线→试铺→铺贴卷材→保护层施工。

底板平面铺贴防水卷材可采用单面粘或双面粘，当采用单面粘时，反应胶粘层朝上，高分子膜朝下；当采用双面粘时，反应胶粘层同样朝上，另一侧反应胶粘层隔离膜不撕掉即可。

① 定位、弹线、试铺。根据施工作业面情况，先弹第一条定位线，第二条与第一条线之间的距离为卷材的幅宽（1m），之后每条基准线与前一条基准线之间距离按小于等于92cm进行弹线定位。弹好铺贴基准线后，将卷材摊开并调整对齐基准线，以保证卷材铺贴平直。如图3-40和图3-41所示。

图3-40　定位、弹线　　　　　　　　　　图3-41　对线试铺

② 铺贴卷材。先按基准线铺好第一幅卷材，再铺设第二幅，然后揭开两幅卷材搭接部位的隔离膜，将卷材搭接。铺贴卷材时，卷材不得用力拉伸，应随时注意与基准线对齐，以免出现偏差难以纠正。

卷材长、短边搭接方法：将搭接部位隔离膜撕开，直接干粘搭接，气温较低时，可用热风枪加温后搭接，搭接宽度不小于80mm，卷材端部搭接区应相互错开不小于1/3幅宽，如图3-42~图3-44所示。

图3-42　展开卷材　　　　　　图3-43　干粘搭接边　　　　　　图3-44　管廊底板空铺效果

③保护层施工。卷材铺贴完成后，按规范底板平面需做 50mm 厚的细石混凝土保护层。在浇筑平面细石混凝土保护层前，撕开卷材隔离膜，撒水泥粉或淋水隔离，防止卷材黏脚。

2）管廊侧墙施工工艺：定位、弹线→涂刮水泥浆料→铺贴卷材→赶压排气、封边→保护层施工。

①定位、弹线。根据施工现场状况，按照"搭接边不小于 80mm"的原则，进行合理定位，确定卷材铺贴方向，做好定位标记。量取立面高度，裁剪合适卷材长度。如图 3-45 和图 3-46 所示。

图 3-45 铺贴定位　　　　　　　　　图 3-46 弹线试铺

②涂刮水泥浆料。撕开卷材隔离膜，然后分别在立面基面及卷材黏结面刮涂水泥浆料，水泥浆料刮涂厚度要求与平面做法相同，如图 3-47 和图 3-48 所示。

图 3-47 卷材涂浆　　　　　　　　　图 3-48 立面涂浆

③铺贴卷材。将涂满水泥浆料的卷材折叠后，将其抬至脚手架上，轻轻将卷材一端放下，脚手架上施工人员按定位标记将卷材铺贴于立墙上（搭接边 80mm），如图 3-49 和图 3-50 所示。

图 3-49 抬送卷材　　　　　　　　　图 3-50 铺贴卷材

④ 赶压排气、封边。用刮板从卷材中间向两边刮压排气，使卷材充分满粘于基面上，最后将刮压排出的水泥浆料回刮收头密封，如图3-51和图3-52所示。

图3-51 赶压排气　　　　　　　　　　　　图3-52 回刮封边

⑤ 保护层施工。侧墙防水层施工完毕并经验收通过后，应尽快施工保护层，砖砌120mm保护墙最为有效（现场回填土如未按规范分层夯实，回填土下沉时会下拉破坏防水层）。

3）管廊顶板施工工艺：定位、弹线→试铺卷材→倒水泥浆料→铺贴卷材→保护层施工。

① 定位、弹线。根据施工作业面情况，先弹第一条定位线，第二条与第一条线之间的距离为卷材的幅宽（1m），之后每条基准线与前一条基准线之间距离按小于等于92cm进行弹线定位。

② 试铺卷材。弹好铺贴基准线后，把整捆卷材抬至待铺的预定部位，摊开3~5m并调整对齐基准线，检查搭接缝宽度，保证卷材铺贴平直、搭接可靠，如图3-53和图3-54所示。

③ 倒水泥浆料。沿卷材铺贴方向倒入水泥浆料，水泥浆料倒浆要布满卷材幅宽，且量要适合，要满足铺贴时水泥浆料能赶压外排，以卷材内部布浆均匀、密实、黏结可靠为原则。

④ 铺贴卷材。用裁纸刀将隔离膜轻轻划开，注意不要划伤卷材，将未铺开卷材隔离膜从背面缓缓撕开，同时将未铺开卷材沿基准线慢慢向前推铺，最后用压辊向两边及前方赶压排气黏牢。

图3-53 边滚边撕隔离膜　　　　　　　　　图3-54 赶浆排气

下一幅卷材对齐基准线，长边短边搭接宽度不小于80mm，铺贴方法与上一幅相同，如图3-55所示。

⑤ 保护层施工。管廊顶板防水层施工完毕并验收合格后，应尽快按规范施工细石混凝土保护层（人工回填按50mm，机械碾压回填按70mm）。

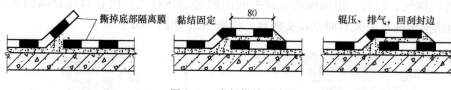

撕掉底部隔离膜　黏结固定　80　辊压、排气、回刮封边

图 3-55　卷材搭接要求

3. 施工要点（矿山暗挖法）

综合管廊矿山暗挖防水基本做法：在初期支护与二次衬砌之间设置预铺防水材料形成衬垫防水系统，利用不透水的防水层将围岩内的水与二次衬砌隔离开来。其防水部位及施工工艺见表 3-11；矿山暗挖法管廊细部防水做法见图 3-36～图 3-39。

3.5.4　安全、质检与环保

1. 施工安全技术

① 综合管廊防水工程施工前，施工单位应编制防水工程专项施工方案，经监理单位或建设单位审查批准后执行。

② 综合管廊防水工程必须由持有相应资质等级证书的防水专业队伍进行施工，主要施工人员应持有省级及以上建设行政主管部门或其认定单位颁发的执业资格证书或防水专业岗位证书。

③ 综合管廊防水工程的施工，应建立各道工序的自检、交接检和专职人员检查制度，并有完整的检查记录。工程隐蔽前，应由施工单位通知有关单位进行验收，并形成隐蔽工程验收记录；未经监理单位或建设单位代表对上道工序进行的检查确认，不得进行下道工序的施工。

④ 综合管廊防水工程施工期间，必须保持地下水位稳定在分段工程基底最低高程 0.5m 以下，必要时应采取降水措施。对采用明沟排水的基槽，应保持基槽干燥。

⑤ 综合管廊防水工程不得在雨天、雪天和五级及以上大风天气时施工。

2. 施工质量标准与检查评价

卷材防水层质量标准和检验方法见表 3-4。

3. 环保要求及措施

① 所有施工人员进场前，都必须进行三级安全教育，并履行安全交底签字手续。

② 进场施工人员应自觉遵守施工现场安全文明公约和规章制度。

③ 操作人员佩戴好安全帽、帆布手套，穿工作服及软底鞋，注意人身安全。

④ 每日施工完毕后都必须做到工完场清，垃圾归堆。

⑤ 现场及仓库材料都必须堆放整齐，保证不乱不散。

任务 3.6　地下工程渗漏水治理

3.6.1　渗漏水治理原则

1）查明渗漏水情况。除去地下工程的表面装饰，清除污物查出渗漏部位，确定渗漏形式、渗漏水量和水压。

2）根据渗漏部位、渗漏形式、水量大小以及是否有水压，确定治理方案。

3）先排水后治理渗漏水。原则是"堵排结合，因地制宜，刚柔相济，综合治理"。

4）渗漏水治理施工时，应按先顶（拱）后墙面再底板的顺序进行，尽量少破坏原有完好的防水层。

5）科学合理地选材。治理过程中科学选择防水材料，尽量选用无毒、低污染的材料。衬砌内注浆宜选用超细水泥浆液、环氧树脂、聚氨酯等化学浆液。防水抹面材料宜选择掺各种外加剂、防水剂、聚合物乳液的水泥净浆、水泥砂浆、特种水泥砂浆等。防水涂料宜选用水泥基渗透结晶型、聚氨酯类、硅橡胶类、水泥基类、聚合物水泥类、改性环氧树脂类、丙烯酸酯类、乙烯—醋酸乙烯共聚物类（EVA）等涂料。

6）对于结构仍在变形、未稳定的渗漏水，需待结构稳定后再进行处理。

3.6.2 渗漏水治理方案设计前应搜集下列资料

① 原设计、施工资料，包括防水设计等级、防排水系统及使用的防水材料性能、试验数据。

② 工程所在位置周围环境的变化。

③ 渗漏水的现状、水源及影响范围。

④ 渗漏水的变化规律。

⑤ 衬砌结构的损害程度。

⑥ 运营条件、季节变化、自然灾害对工程的影响。

⑦ 结构稳定情况及监测资料。

3.6.3 地下工程大面积渗漏水和漏水点的治理

1. 漏水点的查找

漏水量较大或比较明显的部位，可直接观察确定。慢渗或不明显的渗漏水，可将潮湿表面擦干，均匀撒一层干水泥粉，出现湿痕处即为渗水孔眼或缝隙。对于大面积慢渗，可用速凝胶浆在漏水处表面均匀涂一薄层，再撒一层干水泥粉，表面出现湿点或湿线处即为渗漏水位置。

2. 治理方法

① 大面积的一般渗漏水和漏水点是指漏水不十分明显，只有湿迹和少量滴水的渗漏，其治理方法一般是采用速凝材料直接封堵，也可对漏水点注浆堵漏，然后做防水砂浆抹面或涂抹柔性防水材料、水泥基渗透结晶型防水涂料等。当采用涂料防水时，防水层表面要采取保护措施。

② 大面积严重渗漏水一般采用综合治理的方法，即刚柔结合多道防线。首先疏通漏水孔洞，引水泄压，在分散低压力渗水基面上涂抹速凝防水材料，然后涂抹刚性防水和柔性防水材料，最后封堵引水孔洞，并根据工程结构破坏程度和需要采用贴壁混凝土衬砌加强处理。其处理顺序是：大漏引水→小漏止水→涂抹快凝止水材料→柔性防水→刚性防水→注浆堵水→必要时贴壁混凝土衬砌加强。

3.6.4   孔洞渗漏水治理

水压和孔洞较小时,可直接用速凝材料堵塞法治理。方法是:将漏点剔凿成直径10~30mm、深20~50mm的小洞,洞壁与基面垂直,用水冲洗干净。洞壁涂混凝土界面剂后,将开始凝固的水泥胶浆塞入洞内(低于基面10mm),挤压密实,然后在其表面涂刷素水泥浆和砂浆各一层并扫毛,再做水泥砂浆保护层。

当孔洞较大时,可用"大洞变小洞,再堵小洞"的办法治理。方法是:将漏水孔洞剔凿扩大至混凝土密实、孔壁平整并垂直基面,用水冲洗干净。将待凝固的水泥胶浆包裹一根胶管一同填入孔洞中,挤压密实,使洞壁处不再漏水。待胶浆有一定强度后将管子抽出,按照堵小洞的办法将管孔堵住,即可将较大的漏水洞堵住。

当水压较大时,可先用木楔塞紧,然后再填塞水泥胶浆。

3.6.5   裂缝渗漏水的治理

裂缝渗漏水一般根据漏水量和水压力来采取堵漏措施。水压较小的裂缝渗漏水治理方法是用速凝材料直接堵漏。方法是:沿裂缝剔凿出深度不小于30mm、宽度不小于15mm的沟槽,用水冲刷干净后,用水泥胶浆等速凝材料填塞,并略低于基面,挤压密实。经检查不再渗漏后,用素浆、砂浆沿沟槽抹平、扫毛,最后用掺外加剂的水泥砂浆做防水层。

对于水压和渗水量都较大的裂缝常采用注浆方法处理。注浆材料有环氧树脂、聚氨酯等,也可采用超细水泥浆液。具体做法是:

① 沿裂缝剔凿成V形沟槽,用水冲刷,清理干净。

② 布置注浆孔。注浆孔选择在裂缝的低端漏水量大处或裂缝交叉处,间距视注浆材料和注浆压力而定,一般500~1000mm设一注浆孔,注浆嘴用速凝材料固定在注浆位置上。

③ 封闭漏水部位,即将混凝土裂缝表面及注浆嘴周边用速凝材料封闭。

④ 灌注浆液。确定注浆压力后(注浆压力应大于水压),开动注浆泵,浆液沿裂缝通道到达裂缝的各处。当浆液注满裂缝并从高处注浆嘴流出时,停止灌浆。

⑤ 封孔。注浆完毕,经检查无渗漏现象后,剔除注浆嘴,堵塞注浆孔,用防水砂浆做好防水面层。

3.6.6   细部构造渗漏水的治理

1. 施工缝、变形缝渗漏水处理

一般采用综合治理的措施:即注浆防水与嵌缝和抹面保护相结合,具体做法是将变形缝内的原嵌填材料清除,深度约100mm,施工缝沿缝凿槽,清洗干净,漏水较大部位埋设引水管,把缝内主要漏水引出缝外,对其余较小的渗漏水用快凝材料封堵。然后嵌填密封防水材料,并抹水泥砂浆保护层或压上保护钢板,待这些工序做完后,注浆堵水。

2. 穿墙管与预埋件的渗水处理

将穿墙管或预埋件四周的混凝土凿开,找出最大漏水点后,用快凝胶浆或注浆的方法堵水,然后涂刷防水涂料或嵌填密封防水材料,最后用掺外加剂水泥砂浆或聚合物水泥砂浆进行表面保护。

3.6.7 施工要求

1）地下工程渗漏水治理施工应按制订的方案进行。

2）治理过程中应严格每道工序的操作，上道工序未经验收合格，不得进行下道工序施工。

3）治理过程中应随时检查治理效果，并应做好隐蔽施工记录。

4）地下工程渗漏水治理除应做好防水措施外，尚应采取排水措施。

5）竣工验收应符合下列规定：

① 施工质量应符合设计要求。

② 施工资料应包括施工技术总结报告、所用材料的技术资料、施工图纸等。

实训课题　地下室自粘防水卷材施工

1. 材料

改性沥青自粘防水卷材、金属压条、钉子、密封胶、基层处理剂等。

2. 工具

铁锹、扫帚、手锤、钢凿、抹布、滚刷、油漆刷、剪刀、卷尺、粉笔、压辊、灭火器等。

3. 实训内容

分小组完成如图 3-56 所示的地下室防水卷材层施工。

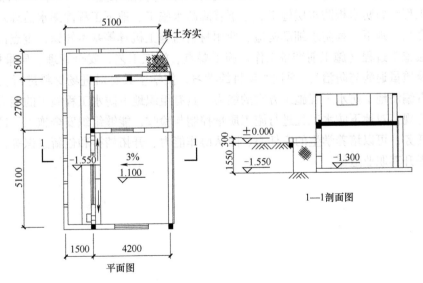

图 3-56　地下室平、剖面图

4. 实训要求

1）卷材 10m²，地下室平面大面积铺贴改性沥青自粘防水卷材施工，用压辊滚压密实。

2）卷材 10m²，地下室立面大面积铺贴改性沥青自粘防水卷材施工，用压辊滚压密实。

3）地下室立面防水卷材上端收头用钉子将金属压条固定，再用密封胶密封密实。

5. 考核与评价

地下室自粘防水卷材施工实训项目成绩评定采用自评、互评和教师评价三结合的方法。对地下防水工程进行质检、评价、确定成绩，学生成绩评定项目、分数、评定标准见表3-12，将学生的得分填入成绩评定表中。

表 3-12　地下室防水施工成绩评定表

序号	项目	满分	评定标准	得分
1	基层处理	5	表面干净、干燥	
2	涂刷基层处理剂	5	均匀不露底，一次涂好，不能过薄或过厚	
3	立面卷材铺贴	25	卷材滚压密实，搭接尺寸符合规范要求	
4	平面卷材铺贴	25	卷材滚压密实，搭接尺寸符合规范要求	
5	卷材上端密封	15	卷材滚压密实，上端收头用钉子将金属压条固定牢固，密封胶密封密实	
6	安全文明施工	10	按本项目相关内容执行	
7	团队协作能力	7	小组成员配合操作	
8	劳动纪律	8	不迟到、不旷课、不做与实训无关的事情	

项 目 小 结

本项目包括地下工程防水混凝土施工、地下工程卷材防水施工、地下工程涂膜防水施工、地下工程塑料防水板防水层施工、地下管廊防水施工、地下工程渗漏水治理六个工作任务，具体介绍了地下工程防水细部构造、使用材料与施工机具等基本知识，重点讲解了地下工程防水层施工过程（施工前准备工作、施工要点、施工工艺、安全管理、质量检查检验、环保要求及质量通病与防治）。通过本项目的学习，使学生具有对进场材料进行质量检验的能力，具有编制地下防水工程施工方案的能力，具有组织地下防水工程施工的能力，能够按照国家现行规范对地下防水工程进行施工质量控制与验收，能够组织安全施工。通过分小组完成实训任务，可以培养学生的责任心、团队协作能力、开拓精神和创新意识等，增强其政治素质，提升其职业道德。

项目4

建筑外墙防水施工

外墙防水是保证建筑物（构筑物）的结构不受水的侵袭、内部空间不受水的危害的一项分部防水工程。外墙防水工程在整个建筑工程中占有重要的地位。外墙防水工程涉及建筑物（构筑物）的地下室外墙、住房外墙等诸多外墙结构，其功能就是要使建筑物或构筑物在设计耐久年限内，防止雨水、生活用水的渗漏和地下水的浸蚀，确保建筑结构、内部空间不受到污损，为人们提供一个舒适和安全的生活环境。

外墙防水工程是一个大的系统的防水工程，它涉及材料、设计、施工、管理等各个方面。外墙防水工程的任务就是综合上述诸方面的因素，进行全方位的评价，选择符合质量标准的防水材料，进行科学、合理、经济的设计，精心组织技术力量进行施工，完善维修和保养管理制度，以满足建筑物（构筑物）的防水耐用年限和使用功能。

任务4.1　普通建筑外墙体构造防水施工

导入案例

某综合高层住宅工程位于中国南方某市天庆区冰河路，由高层住宅及商业裙房、商业配套用房等构成；工程±0.00m相对于黄海高程为74.15m（不含商业区）。住宅部分地上33层、地下2层，建筑高度约99.8m；酒店式公寓地上30层、地下2层，建筑高度约99.45m；办公楼地上25层、地下2层，建筑高度99.25m。本部分外墙防水主要施工范围为各栋楼地上部位外墙。设计防水为聚合物水泥防水涂料Ⅱ型，分两遍涂刷。

本工程主体工程施工完毕，施工现场满足外墙防水工程施工要求，图纸已通过会审，已编制了外墙工程防水施工方案。

防水材料为聚合物水泥防水涂料。

施工机具及工作面清扫工具等已准备就绪。

现场条件：外墙基层清洁、牢固，符合质量要求；施工负责人已向班组进行技术交底；现场专业技术人员、质检员、安全员、防水工等已准备就绪。

工作任务

能根据不同的情况制定相应的外墙防水施工方案。

能够根据工程特点和工程所在地区气候特点确定防水材料；能够编制外墙防水工程的施工方案；能够对进场材料进行质量检验；能够进行外墙防水施工；能够进行外墙防水工程施工质量控制与验收；能够组织外墙防水工程安全施工。

知识目标

了解外墙卷材防水材料的品种、适用范围和质量要求；熟悉外墙防水的构造层次和细部构造；掌握常用外墙防水施工工艺。

4.1.1　外墙防水防护层构造

1. 无外保温外墙的防水防护层构造

建筑外墙的防水防护层应设置在迎水面。不同结构材料的交界处应采用每边不少于150mm的耐碱玻璃纤维网格布或经防腐处理的金属网片做抗裂增强处理。外墙各构造层次之间应黏结牢固，并宜进行界面处理。界面处理材料的种类和做法应根据构造层次材料确定。应根据工程所在地区的环境以及施工时的气候、气象条件来选用建筑外墙防水防护材料。建筑外墙外保温的相应做法要求按《外墙外保温工程技术规程》（JGJ 144—2019）规定执行。

无外保温外墙的防水防护层构造应符合下列规定。

外墙采用涂料饰面时，防水层应设在找平层和涂料层之间，如图4-1所示。防水层可采用普通防水砂浆。

外墙采用块材饰面时，防水层应设在找平层和块材黏结层之间，如图4-2所示。防水层宜采用普通防水砂浆。

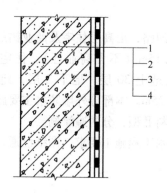

图4-1　涂料饰面外墙防水防护构造
1—结构墙体　2—找平层
3—防水层　4—涂料面层

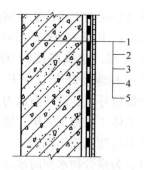

图4-2　块材饰面外墙防水防护构造
1—结构墙体　2—找平层　3—防水层
4—黏结层　5—块材面层

外墙采用幕墙饰面时，防水层应设在找平层和幕墙饰面之间，如图4-3所示。防水层宜采用普通防水砂浆、聚合物防水砂浆、聚合物水泥防水涂料、聚合物乳液防水涂料、聚氨酯防水涂料或防水透气膜。

2. 外保温外墙的防水防护层构造

外保温外墙的防水防护层设计应符合下列规定。

1）采用涂料饰面时，防水层可采用聚合物水泥防水砂浆或普通防水砂浆。保温层的抗裂砂浆层如达到聚合物水泥防水砂浆性能指标的要求，则可兼作防水防护层，设在保温层和涂料饰面之间，如图 4-4 所示。乳液聚合物防水砂浆的厚度不应小于 5mm，干粉聚合物外墙防水砂浆的厚度不应小于 3mm。

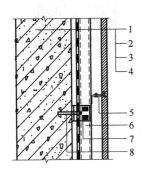

图 4-3 幕墙饰面外保温外墙防水防护构造
1—结构墙体 2—找平层 3—防水层
4—面板 5—挂件 6—竖向龙骨
7—连接件 8—锚栓

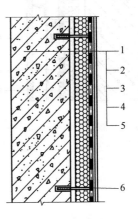

图 4-4 涂料饰面外保温外墙防水防护构造
1—结构墙体 2—找平层 3—保温层
4—防水层 5—涂料层 6—锚栓

2）采用块材饰面时，防水层宜采用聚合物水泥防水砂浆，厚度应符合规定，如图 4-5 所示。保温层的抗裂砂浆层如达到聚合物水泥防水砂浆性能指标的要求，则可兼作防水防护层。

3）聚合物水泥防水砂浆防水层中应增设耐碱玻纤网格布或热镀锌钢丝网增强，并用锚栓固定于结构墙体中。

4）采用幕墙饰面时，防水层应设在找平层和幕墙饰面之间，如图 4-6 所示。防水层宜采用聚合物水泥防水砂浆、聚合物水泥防水涂料、聚合物乳液防水涂料、聚氨酯防水涂料或防水透气膜。防水砂浆的厚度应符合规定，防水涂料的厚度不应小于 1.0mm。当外墙保温层选用矿物棉保温材料时，防水层宜采用防水透气膜。

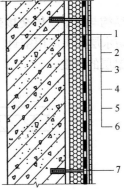

图 4-5 砖饰面外保温外墙防水防护构造
1—结构墙体 2—找平层 3—保温层
4—防水层 5—黏结层 6—饰面块材层
7—锚栓

3. 砂浆防水层分格缝

砂浆防水层宜留分格缝，分格缝宜设置在墙体结构不同材料交接处。水平分格缝的设置应与窗口上沿或下沿平齐。垂直分格缝的间距不宜大于 6m，且与门、窗框两边线对齐，分格缝的宽度宜为 8~10mm，缝内应采用密封材料做密封处理。保温层的抗裂砂浆层兼作防水防护层时，防水防护层不宜留设分格缝，如图 4-7 所示。

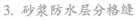

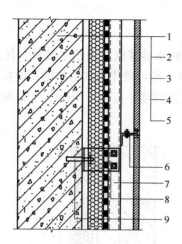

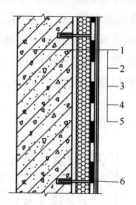

图 4-6　幕墙饰面外保温外墙防水防护构造

1—结构墙体　2—找平层　3—保温层

4—防水层　5—面板　6—挂件

7—竖向龙骨　8—连接件　9—锚栓

图 4-7　抗裂砂浆层兼作防水层的

外墙防水防护构造

1—结构墙体　2—找平层　3—保温层

4—防水抗裂层　5—装饰面层　6—锚栓

4. 外墙饰面层的防水构造

外墙饰面层设计应符合下列规定。

① 防水砂浆饰面层应留置分格缝，分格缝间距宜根据建筑层高确定，但不应大于 6m，缝宽宜为 8~10mm。

② 面砖饰面层宜留设宽度为 5~8mm 的块材接缝，用聚合物水泥防水砂浆勾缝。

③ 防水饰面涂料应涂刷均匀，涂层厚度应根据具体的工程与材料确定，但不得小于 1.5mm。

5. 上部结构与地下墙体交接部位的防水层构造

上部结构与地下墙体交接部位的防水层应与地下墙体防水层搭接，搭接长度不应小于 150mm，防水层收头应用密封材料封严，如图 4-8 所示。有保温的地下室外墙防水防护层应延伸至保温层的深度。

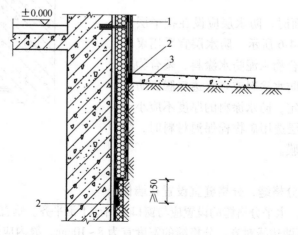

图 4-8　上部结构与地下墙体交接部位防水防护构造

1—外墙防水层　2—密封材料　3—室外地坪（散水）

6. 外墙节点的防水构造

① 门窗框与墙体间的缝隙宜采用聚合物水泥防水砂浆或发泡聚氨酯填充。外墙防水层应延伸至门窗框，防水层与门窗框间应预留凹槽，嵌填密封材料；门窗上楣的外口应做滴水处理；外窗台应设置不小于5%的外排水坡度（节点防水层和保温层不应压窗框），如图4-9和图4-10所示。

② 雨篷应设置不小于1%的外排水坡度，外口下沿应做滴水线处理；雨篷与外墙交接处的防水层应连续；雨篷防水层应沿外口下翻至滴水部位，如图4-11所示。

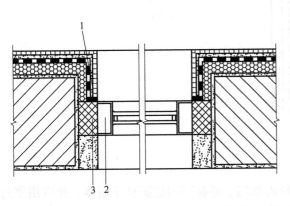

图 4-9　门窗框防水防护平、剖面构造

1—密封材料　2—窗框　3—发泡聚氨酯填充

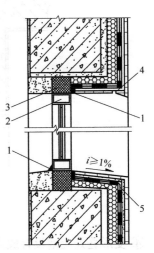

图 4-10　门窗框防水防护立、剖面构造

1—密封材料　2—窗框　3—发泡聚氨酯填充
4—滴水线　5—外墙防水层

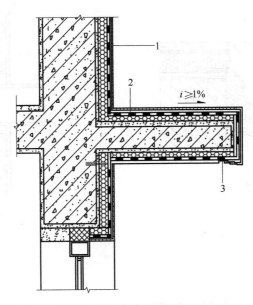

图 4-11　雨篷防水防护构造

1—外墙防水层　2—雨篷防水层　3—滴水线

③ 阳台应向水落口设置不小于1%的排水坡度，水落口周边应留槽嵌填密封材料。阳台外口下沿应做滴水线设计，如图4-12所示。

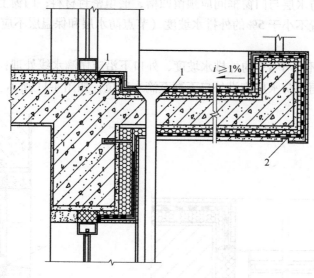

图4-12　阳台防水防护构造
1—密封材料　2—滴水线

④ 变形缝处应增设合成高分子防水卷材附加层，卷材两端应满粘于墙体，并应用密封材料密封，满粘的宽度应不小于150mm，如图4-13所示。

⑤ 穿过外墙的管道宜采用套管，套管应内高外低，坡度不应小于5%，套管周边做防水密封处理，如图4-14所示。

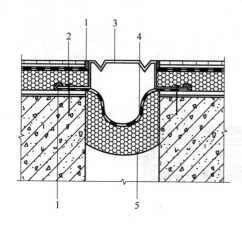

图4-13　变形缝防水防护构造
1—密封材料　2—锚栓　3—不锈钢板
4—合成高分子防水卷材（两端黏结）
5—保温衬垫材料

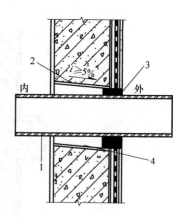

图4-14　穿墙管道防水防护构造
1—穿墙管道　2—套管
3—密封材料　4—聚合物砂浆

⑥ 女儿墙压顶宜采用现浇钢筋混凝土或金属压顶，压顶应向内找坡，坡度不应小于2%。当采用混凝土压顶时，外墙防水层应上翻至压顶，内侧的滴水部位宜用防水砂浆做防

水层，如图 4-15 所示；当采用金属压顶时，防水层应做到压顶的顶部，金属压顶应采用专用金属配件固定，如图 4-16 所示。

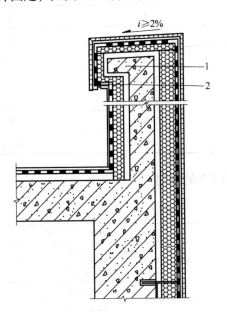

图 4-15　混凝土压顶女儿墙防水构造
1—混凝土压顶　2—防水砂浆

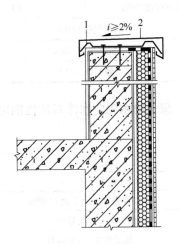

图 4-16　金属压顶女儿墙防水构造
1—金属配件　2—金属压顶

⑦ 外墙预埋件四周应用密封材料封闭严密，密封材料与防水层应连续。

4.1.2　使用材料与机具

1. 主要材料

1）普通防水砂浆的性能应符合表 4-1 的规定。

表 4-1　普通防水砂浆的性能指标

试　验　项　目		技　术　指　标
稠度/mm		50，70，90
终凝时间/h		≥8，≥12，≥24
抗渗压力/MPa	28d	≥0.6
拉伸黏结强度/MPa	14d	≥0.20
收缩率（%）	28d	≤0.15

2）聚合物水泥防水砂浆的性能应符合表 4-2 的规定。

表 4-2　聚合物水泥防水砂浆的性能指标

试　验　项　目		技　术　指　标	
		I	II
凝结时间	初凝/min	≥45	
	终凝/h	≤24	

（续）

试 验 项 目		技 术 指 标	
		I	II
抗渗压力/MPa	涂层试件 7d	≥0.4	≥0.5
	砂浆试件 7d	≥0.8	≥1.0
黏结强度/MPa	7d	≥0.8	≥1.0
抗压强度/MPa		≥18.0	≥24.0
抗折强度/MPa		≥6.0	≥8.0
收缩率（%）		≤0.3	≤0.15

3）聚合物水泥防水涂料的性能应符合表 4-3 的规定。

表 4-3　聚合物水泥防水涂料的性能指标

试 验 项 目	技术指标（I型）
固体含量（%）	≥70
拉伸强度（无处理）/MPa	≥1.2
断裂伸长率（无处理）（%）	≥200
低温柔性（10mm棒）	-10℃，无裂纹
黏结强度（无处理）/MPa	≥0.5
不透水性（0.3MPa，30min）	不透水性

4）聚合物防水乳液防水涂料的性能应符合表 4-4 的规定。

表 4-4　聚合物防水乳液防水涂料性能指标

试 验 项 目		技 术 指 标	
		I 型	II 型
拉伸强度/MPa		≥1.0	≥1.5
断裂伸长率（%）		≥300	
低温柔性（绕10mm棒，棒弯180°）		-10℃，无裂纹	-20℃，无裂纹
不透水性（0.3MPa，30min）		不透水	
固体含量（%）		≥65	
干燥时间/h	表干时间	≤4	
	实干时间	≤8	

5）聚氨酯防水材料的性能应符合表 4-5 的规定。

表 4-5　聚氨酯防水材料性能指标

项　　目	指　　标	
	I 型	II 型
固体含量（%）	单组分≥85；多组分≥92	
拉伸强度/MPa	≥2.0	≥6.0

（续）

项　目		指　标	
		Ⅰ型	Ⅱ型
断裂伸长率（%）		≥500	≥450
低温柔性（℃，2h）		−35，无裂纹	
不透水性	压力/MPa	≥0.3	
	保持时间/min	≥120	

2. 主要机具

（1）水泥砂浆防水施工机具　砂浆搅拌机、纸筋灰拌合机、窄手推车、铁锹、筛子、水桶、灰槽、灰勺、刮杠（大2.5m、中1.5m）、靠尺板（2m）、线坠、钢卷尺（标、验）、方尺（标、验）、托灰板、铁抹子、木抹子、塑料抹子、八字靠尺、方口尺、阴阳角抹子、长舌铁抹子、金属水平尺、软水管、长毛刷、鸡腿刷、钢丝刷、茅草笤帚、喷壶、小线、钻子（尖、扁）、粉线袋、铁锤、钳子、钉子、托线板等。

（2）涂膜防水施工主要机具　扫帚、吸尘器、钢丝刷、大铁桶、小铁桶、弹线盒、剪刀、壁纸刀、卷尺、铁抹子、橡胶刮板、小平铲、滚刷、油漆刷、铁压辊、手推车、灭火器等。

4.1.3 外墙防水施工过程

1. 施工前准备工作

（1）技术准备　施工前要熟悉图纸，了解设计意图；编制施工方案，明确施工段划分、施工顺序、施工方法、施工进度、操作要点、技术措施、质量标准、安全注意事项；确定施工中的检验程序；做好施工记录；进行技术交底。

（2）材料机具准备　材料机具准备包括防水材料的进场和抽检，配套材料准备，机具进场、试运转等。

（3）现场条件准备

① 外防水必须由专业队施工，持证上岗。

② 基层必须坚固、不起砂、不起皮、表面清洁平整，表面的尘土、杂物必须彻底清除干净。

③ 基层坡度应符合设计要求，表面应顺平。使用要求干燥基面的施工材料，基层表面必须干燥，含水率应不大于9%。简易的检测方法是将1m×1m卷材或塑料布平铺在基层上，静置3~4h（阳光强烈时1.5~2h）后掀开检查，若基层覆盖部位卷材或塑料布上未见水印即可施工。

④ 配套材料必须验收合格，其规格、技术性能必须符合设计要求及标准的规定。存放易燃材料应避开火源。

⑤ 严禁在雨天、雪天施工，五级风及以上时不得施工，气温低于0℃时不宜施工。

2. 施工要点

基本步骤：基层处理→节点密封加强处理→墙面大面积铺涂抹面→养护。

（1）无外保温外墙防水施工要点

1）外墙结构表面的油污、浮浆应清除，孔洞、缝隙应堵塞抹平，不同结构材料交接处的增强处理材料应固定牢固。

2）外墙结构表面宜进行找平处理，找平层施工应符合下列规定。

① 外墙结构表面清理干净后，方可进行界面处理。

② 界面处理材料的品种和配合比应符合设计要求，拌和应均匀一致，无粉团、沉淀等缺陷。涂层应均匀，不露底。待表面收水后，方可进行找平层施工。

③ 找平层砂浆的强度和厚度应符合设计要求，厚度在 10mm 以上时，应分层压实抹平。

3）外墙防水层施工前，宜先做好节点处理，再进行大面积施工。

4）防水砂浆施工应符合下列规定。

① 基层表面应为平整的毛面，光滑表面应做界面处理，并充分湿润。

② 防水砂浆的配制应符合下列规定。

a. 配合比应按照设计要求，通过试验确定。

b. 配制乳液类聚合物水泥防水砂浆前，乳液应先搅拌均匀，再按规定比例加入拌合料中搅拌均匀。

c. 干粉类聚合物水泥防水砂浆应按规定比例加水并搅拌均匀。

d. 用粉状防水剂配制普通防水砂浆时，应先将规定比例的水泥、砂和粉状防水剂干拌均匀，再加水搅拌均匀。

e. 用液态防水剂配制普通防水砂浆时，应先将规定比例的水泥和砂干拌均匀，再加入用水稀释的液态防水剂搅拌均匀。

③ 配制好的防水砂浆宜在 1h 内用完；施工中不得任意加水。

④ 界面处理材料的涂刷厚度应均匀、覆盖完全，收水后应及时进行防水砂浆的施工。

⑤ 防水砂浆涂抹施工应符合下列规定。

a. 厚度大于 10mm 时应分层施工，第二层应待前一层指触不黏时进行，各层应黏结牢固。

b. 每层宜连续施工，当需留槎时，应采用阶梯坡形槎，接槎部位离阴阳角不得小于200mm；上下层接槎应错开 300mm 以上，接槎应依层次顺序操作，层层搭接紧密。

c. 喷涂施工时，喷枪的喷嘴应垂直于基面，合理调整压力以及喷嘴与基面的距离。

d. 涂抹时应压实、抹平；遇气泡时应挑破，保证铺抹密实。

e. 抹平、压实应在初凝前完成。

⑥ 窗台、窗楣和凸出墙面的腰线等部位上表面的流水坡应找坡准确，外口下沿的滴水线应连续、顺直。

⑦ 砂浆防水层分格缝的留设位置和尺寸应符合设计要求。分格缝的密封处理应在防水砂浆达设计强度的 80% 后进行，密封前应将分隔缝清理干净，密封材料应嵌填密实。

⑧ 砂浆防水层转角宜抹成圆弧形，圆弧半径应不小于 5mm，转角抹压应顺直。

⑨ 门框、窗框、管道、预埋件等与防水层相接处应留 8～10mm 宽的凹槽，密封处理应符合本条第⑦款的要求。

⑩ 砂浆防水层未达到硬化状态时，不得浇水养护或直接受雨水冲刷。聚合物水泥防水砂浆硬化后应采用干湿交替的养护方法；普通防水砂浆防水层应在终凝后进行保湿养护，养护时间不宜少于 14d，养护期间不得受冻。

5）防水涂料施工应符合下列规定。

① 施工前应先对细部构造进行密封或增强处理。

② 涂料的配制和搅拌应符合下列规定：

a. 双组分涂料配制前，应将液体组分搅拌均匀，配料应按照规定要求进行，不得任意改变配合比。

b. 应采用机械搅拌，配制好的涂料应色泽均匀，无粉团、无沉淀。

③ 涂膜防水层的基层宜干燥；在涂布防水涂料前，应先涂刷基层处理剂。

④ 涂膜宜多遍完成，后遍涂布应在前遍涂层干燥成膜后进行。挥发性涂料的每遍用量为每 m^2 不宜大于 0.6kg。

⑤ 每遍涂布应交替改变涂层的涂布方向，同一涂层涂布时，先后接槎宽度宜为 30～50mm。

⑥ 涂膜防水层的甩槎应避免污损，接涂前应将甩槎表面清理干净，接槎宽度不应小于 100mm。

⑦ 胎体增强材料应铺贴平整、排除气泡，不得有褶皱和胎体外露。胎体层充分浸透防水涂料；胎体的搭接宽度不应小于 50mm。胎体的底层和面层涂膜厚度均不应小于 0.5mm。

⑧ 涂膜防水层完工并经验收合格后，应及时做好饰面层。饰面层施工时应有成品保护措施。

（2）外保温外墙防水防护施工

1）保温层应固定牢固，表面平整、干净。

2）外墙保温层的抗裂砂浆层施工应符合下列规定。

① 抗裂砂浆层的厚度、配合比应符合设计要求，当内掺纤维等抗裂材料时，比例应符合设计要求，并应搅拌均匀。

② 当外墙保温层采用有机保温材料时，抗裂砂浆施工应先涂界面处理材料，然后分层抹抗裂砂浆。

③ 抗裂砂浆的中间宜设置耐碱玻纤网格布或金属网片。金属网片应与墙体结构固定牢固。

④ 抗裂砂浆应抹压平实，表面无接痕，网格布或金属网片不得外露。防水层为防水砂浆时抗裂砂浆应搓毛。

⑤ 抗裂砂浆终凝后应进行保湿养护。防水砂浆养护时间不宜少于 14d，养护期间不得受冻。

3）外墙保温层上的防水层施工应符合相关规定。

4）防水透气膜施工应符合下列规定：

① 基层表面应平整、干净、牢固，无尖锐凸起物。

② 铺设宜从外墙底部一侧开始，将防水透气膜沿外墙横向展开，铺于基面上，沿建筑立面自下而上横向铺设，按顺水方向上下搭接。当无法满足自下而上的铺设顺序时，应确保沿顺水方向上下搭接。

③ 防水透气膜的横向搭接宽度不得小于 100mm，纵向搭接宽度不得小于 150mm。搭接缝应采用配套胶粘带黏结。相邻两幅膜的纵向搭接缝应相互错开，间距不小于 500mm。

④ 防水透气膜的搭接缝应采用配套胶粘带满粘密封。

⑤ 防水透气膜应随铺随固定，固定部位应预先黏贴小块丁基胶带，用带塑料垫片的塑料锚栓将防水透气膜固定在基层墙体上，固定点每 m^2 不得少于 3 处。

⑥ 铺设在窗洞或其他洞口处的防水透气膜，以 "1" 字形裁开，用配套胶粘带固定在洞口内侧。与门、窗框连接处应使用配套胶粘带满粘密封，四角用密封材料封严。

⑦ 幕墙体系中穿透防水透气膜的连接件周围应用配套胶粘带封严。

4.1.4 安全、质检与环保

1. 施工安全技术

（1）外墙工程施工安全规定

① 严禁在雨天、雪天和五级及以上大风天气施工。

② 门窗临边洞口部位，必须按临边、洞口防护规定设置安全护栏和安全网。

③ 外脚手架作业必须按照高处作业安全技术采取防护措施。

④ 施工人员应穿防滑鞋，特殊情况下无可靠安全措施时，操作人员必须系好安全带并扣好保险钩。

（2）外墙工程施工的防火安全规定

① 可燃类防水、保温材料进场后，应远离火源；露天堆放时，应采用不燃材料完全覆盖。

② 防水隔离带施工应与保温材料施工同步进行。

③ 施工作业区应配备消防灭火器材。

④ 火源、热源等火灾危险源应加强管理。

2. 施工质量标准与检查评价

（1）外墙防水施工质量检查与验收的一般规定

建筑外墙防水防护工程的质量应符合下列规定：

① 防水层不得有渗漏现象。

② 使用的材料应符合设计要求。

③ 找平层应平整坚固，不得有空鼓、起砂、起皮现象。

④ 涂膜防水层应无裂纹、皱褶、流淌、鼓泡和露胎体现象。

⑤ 防水应铺设平整、固定牢固，不得有皱褶、翘边等现象。搭接宽度符合要求，搭接缝和细部构造密封严密。

⑥ 外墙防护层应平整、固定牢固，构造符合设计要求。

⑦ 外墙防水层渗漏检查应在持续淋水 2h 后或雨后进行。

⑧ 外墙防水防护使用的材料应有产品合格证和出厂检验报告，材料的品种、规格、性能等应符合国家现行有关标准和设计的要求。对进场的防水防护材料应抽样复检，并提出抽样试验报告，不合格的材料不得在工程中使用。

⑨ 外墙防水防护工程应按装饰装修分部工程的子分部工程进行验收。

⑩ 建筑外墙防水防护工程各分项工程施工质量的检验数量：外墙面积每 $500m^2$ 抽一处，每处 $10m^2$，且不得少于 3 处；不足 $500m^2$ 时应按 $500m^2$ 计算。节点构造全部进行检查。

（2）砂浆防水层检查

砂浆防水层质量要求和检验方法见表4-6。

表4-6 砂浆防水层质量要求和检验方法

序号	项目	质 量 要 求	检 验 方 法
1	主控项目	砂浆防水层的原材料、配合比及性能指标，必须符合设计要求	检查出厂合格证、质量检验报告、计量措施和抽样试验报告
2		砂浆防水层不得有渗漏现象	持续淋水30min后观察检查
3		砂浆防水层与基层之间及防水层各层之间应结合牢固，无空鼓	观察和用小锤轻击检查
4		砂浆防水层在门窗洞口、穿墙管、预埋件、分格缝及收头等部位的节点做法，应符合设计要求	观察检查和检查隐蔽工程验收记录
5	一般项目	砂浆防水层表面应密实、平整，不得有裂纹、起砂、麻面等缺陷	观察检查
6		砂浆防水层施工缝留槎位置应正确，接槎应按层次顺序操作，层层搭接紧密	观察检查
7		砂浆防水层的平均厚度应符合设计要求，最小厚度不得小于设计值的80%	观察和尺量检查

（3）涂膜防水层检查

涂膜防水层质量要求和检验方法见表4-7。

表4-7 涂膜防水层质量要求和检验方法

序号	项目	质 量 要 求	检 验 方 法
1	主控项目	防水层所用防水涂料及配套材料应符合设计要求	检查出厂合格证，质量检验报告和抽样试验报告
2		涂膜防水层不得有渗漏现象	持续淋水30min后观察检查
3		涂膜防水层在门窗洞口、穿墙管、预埋件及收头等部位的节点做法，应符合设计要求	观察检查和检查隐蔽工程验收记录
4	一般项目	涂膜防水层的平均厚度应符合设计要求，最小厚度不应小于设计厚度的80%	针测法或割取20mm×20mm实样用卡尺测量
5		涂膜防水层应与基层黏结牢固，表面平整，涂刷均匀，无流淌、皱褶、鼓泡、露胎体、翘边等缺陷	观察检查

3. 环保要求及措施

施工现场管理应当清洁无尘、无污染、无积水、低噪声、绿色、环保，主要有以下环保要求及措施：

①加强环保意识，合理安排作业时间，通过严格管理最大限度地减少噪声扰民。

②对在施工中产生的垃圾，如包装纸、塑料桶、基层清理的垃圾等，应立即回收，送

至垃圾站。

③ 施工垃圾、生活垃圾分类存放，生活垃圾应分袋装，严禁乱扔垃圾、杂物；及时清运垃圾，保持生活区的干净、整洁；严禁在工地上燃烧垃圾。

④ 对废料、旧料做到每日清理回收，现场施工垃圾设专车及时清运。

⑤ 施工现场保持道路畅通，保证排水沟、排水设施通畅。

4.1.5 外墙防水工程的质量通病与防治

1. 外墙面渗漏的主要原因和部位

外墙渗漏部位主要集中于混凝土墙体与砖墙交接部位、窗框与墙体交接处、爬架预留孔、檐口、阳台以及外墙配电箱等薄弱部位，因此，预防是一个系统工程，从主体施工阶段就必须采取措施，形成多点设防。

2. 外墙砖砌体质量通病与防治控制措施

① 外墙加气混凝土砌块分两次以上完成，至梁或顶板时，砌体充分沉降后用砂浆塞缝。

② 砌体要求双面勾缝，水平及竖向缝控制在 15mm，不形成盲缝，隔断渗水通道。

③ 构造柱做法及施工措施：各层构造柱位置的砖砌体留马牙槎，保证砖砌体与混凝土的咬合力，在结构墙柱浇筑混凝土时，采用多道丁字螺栓加固，混凝土必须振捣密实。

3. 穿墙管螺栓的质量通病与防治

（1）螺栓孔口通病处理措施

① 在内外面将螺杆洞凿成内凹喇叭口，喇叭口外宽约 30mm，深约 20mm，并将喇叭口处外漏的 PVC 管剪切掉。

② 用干硬性水泥砂浆（内掺适量膨胀剂和防水剂）堵塞 PVC 套管洞。

③ 在两端往 PVC 套管内打塞相应直径的圆钢（外包止水胶带），长度约 50mm。

④ 在 PVC 套管剪切面用防水材料封口，再用水泥砂浆（内掺适量膨胀剂和防水剂）将喇叭口补平。

（2）堵漏通病处理措施

① 用掺适量微膨胀剂的防水混凝土或防水砂浆堵实外墙上预留的设备孔洞、外架的孔洞等所有孔洞。

② 砖墙上专为分体式空调预埋的 PVC 管，也是外墙渗水的薄弱环节，因此需采取以下措施：先在 PVC 管外壁上套上直径略小的止水圈，然后在管外壁满涂一遍 PVC 专用胶水，再滚上一层中砂，待砖墙砌至管下口 5cm 处时先铺上 5cm 厚的防水砂浆，然后再把 PVC 管安装上去，要保证 PVC 管四周均有 5cm 厚的防水砂浆包裹。外墙打底用砂浆的强度要够，并应掺加适量防水剂，对于抹灰超厚的地方，还应加挂钢丝网分层抹灰。

4. 外墙窗框周边防渗漏的措施

1）外墙窗框边的渗漏现象较为普遍，是外墙防渗漏的重点和难点，对此须采取以下做法和措施。

① 考虑到窗下框很难塞缝密实，因此，在安装窗框前必须先用掺有膨胀剂的防水砂浆填塞下框凹槽，但不能填满，应预留 10mm 左右的空隙，待砂浆有一定强度后方可安装窗框，门窗框与墙的空隙为 20~25mm，待框洞口四周冲洗干净后，方可用掺有适量膨胀剂的干硬性防水砂浆分两层挤实、压光，不得用落地灰堵缝；然后在外侧涂刷防水胶两道。门窗

框与墙必须严格填堵密实，这是防治渗水的关键。

② 窗台抹灰内高外低，外窗台保证有5%的坡度。对外墙窗楣、雨篷、阳台、压顶和凸出腰线等，均在上面做流水坡度，下面做滴水槽或鹰嘴，滴水槽的宽度和深度均不小于10mm。

③ 加强对铝合金门窗自身质量的检查，所有接缝、螺钉腿均要涂玻璃胶，认真封闭，消除一切可能导致渗水的缝隙。

2）外墙工程窗台板、空调板等飘出部分均应做10mm高、30°鹰嘴，防止反坡进水。

任务 4.2 装配式建筑外墙体接缝密封防水施工

导入案例

某装配式结构工程地下1层，地上4层，外墙防水采用刚性材料防水与柔性材料嵌缝相结合的设计构造做法。施工过程中，女儿墙、雨篷细部构造防水，外墙门框、窗框应在防水层施工前安装完毕，并验收合格；伸出外墙的管道、设备或预埋件也应在建筑外墙防水防护施工前安装完毕。外墙防水防护的基层应平整、坚实、牢固、干净，不得有酥松、起砂、起皮现象。面砖、块材的勾缝应连续、平直、密实、无裂缝、无空鼓。外墙防水防护完工后，应采取保护措施，不得损坏防水防护层。

工作任务

能根据不同的具体情况制定相应的装配式建筑外墙体接缝密封防水施工方案。

能力目标

能够根据工程特点和工程所在地区的气候特点确定防水材料；能够编制装配式建筑外墙体接缝密封的施工方案；能够进行装配式建筑外墙体接缝密封施工；能够进行装配式建筑外墙体接缝密封施工质量控制与验收；能够组织装配式建筑外墙体接缝密封安全施工。

知识目标

了解装配式建筑防水外墙体接缝密封防水材料的品种、适用范围和质量要求；熟悉装配式建筑外墙体接缝密封的构造层次和细部构造；掌握常用装配式建筑外墙体接缝密封施工工艺。

4.2.1 外墙体接缝密封防水构造

建筑外墙墙体构造防水就是在装配式大板建筑和外板内浇建筑的墙板外侧接缝处设置适当的线形构造，如挡水台、披水、滴水槽等，形成空腔，通过排水管将渗入墙体的雨水排出墙外，达到墙体防水的目的。装配式建筑外墙墙体防水构造如下。

1. 立缝

左右两块外墙板安装后形成的缝隙称为立缝，又叫垂直缝。立缝内有防水槽1~2道，如图4-17所示。防水槽内放置聚氯乙烯塑料条，在柱外侧放置油毡和聚苯板，作用是防水、保温，同时也作为浇筑组合柱混凝土时的模板。聚氯乙烯塑料条与油毡—聚苯乙烯泡沫塑料板之间形成空腔，有一道防水槽的形成一道立腔，称为单腔；有两道防水槽的则形成两道立腔，称为双腔。立腔腔壁要涂刷防水涂料，使进入腔内的雨水能顺畅地流下去，聚氯乙烯塑料条外侧要勾水泥砂浆。

2. 平缝

上、下外墙板之间所形成的缝隙称为平缝。外墙板的下部有挡水台和排水坡，上部有披水，在披水处放置油毡卷，外勾防水砂浆。油毡卷以内即形成水平空腔，如图4-18所示。进入墙内的雨水顺披水流下，由于挡水台的阻挡，水顺排水坡和十字缝处的排水管排出。

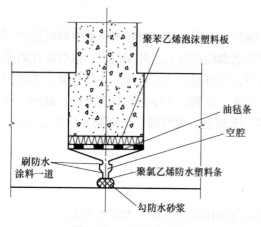

图4-17 立缝防水构造

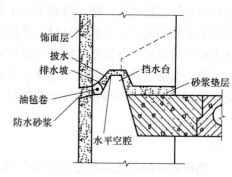

图4-18 平缝防水构造

3. 十字缝

十字缝位于立缝、平缝相交处。在十字缝正中设置塑料排水管，使进入立缝和水平缝的雨水通过排水管排出，如图4-19所示。从外墙板的防水构造可以看出，构造防水的质量取决于外墙板防水构造的完整和外墙板的安装质量。外墙板的缝隙要大小均匀一致，挡水台、披水、滴水槽等必须完整无损，如有碰坏应及时修理。安装外墙板时要防止披水高于挡水台，防止企口缝向里错位太大，将平腔挤严。平腔或立腔内不得有砂浆和杂物，以免影响空腔排水或因毛细管作用影响防水效果。

4. 阳台、雨篷的接缝构造

阳台、雨篷板平放在外墙板上，与墙板形成的接

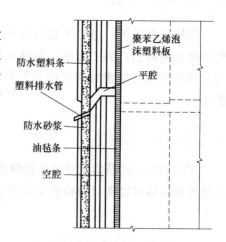

图4-19 十字缝防水构造

缝为平缝，无法采用构造防水，而只能采用材料防水。具体做法是沿阳台、雨篷板的上平缝全长、下平缝两端向内300mm，两侧立缝均用建筑密封材料嵌缝密封，如图4-20所示。

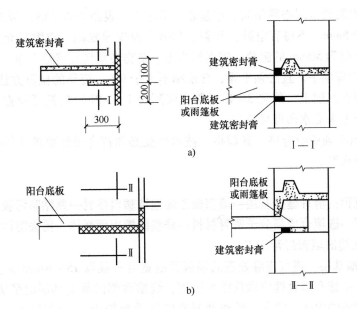

图 4-20 阳台、雨篷防水构造
a）平板阳台　b）槽形阳台

4.2.2 使用材料与机具

1. 主要材料

① 合成高分子密封材料。

② 聚乙烯泡沫塑料背衬材料（棒材式管材）。

③ 基层处理剂。

④ 防污胶带。

⑤ 隔离条。

⑥ 二甲苯或其他有机溶剂。

2. 主要机具

扫帚、吸尘器、钢丝刷、大铁桶、小铁桶、弹线盒、剪刀、壁纸刀、卷尺、铁抹子、橡胶刮板、小平铲、滚刷、油漆刷、铁压辊、手推车、灭火器。

4.2.3 外墙体接缝密封防水施工过程

1. 施工前准备工作

（1）技术准备　施工前要熟悉图纸，了解设计意图；编制施工方案，明确施工段划分、施工顺序、施工方法、施工进度、操作要点、技术措施、质量标准、安全注意事项；确定施工中的检验程序；做好施工记录；进行技术交底。

（2）材料机具准备　包括防水材料的进场和抽检，配套材料准备，机具进场、试运转等。

（3）现场条件准备

① 防水必须由专业队施工，持证上岗。

② 铺贴防水层的基层必须坚固、不起砂、不起皮、表面清洁平整，用2m直尺检查，最大空隙不应大于5mm，不得有空鼓、开裂、起砂、脱皮等缺陷，空隙只允许平缓变化。阴阳角处应做成半径为50mm的圆角。表面的尘土、杂物必须彻底清除干净。

③ 基层表面应顺平，且必须干燥，含水率不大于9%。简易的检测方法是将1m×1m卷材或塑料布平铺在基层上，静置3~4h（阳光强烈时1.5~2h）后掀开检查，若基层覆盖部位卷材或塑料布上未见水印即可施工。

④ 配套材料必须验收合格，其规格、技术性能必须符合设计要求及标准的规定。存放易燃材料应避开火源。

2. 施工要点

施工工艺流程：清理缝槽基层→填塞聚乙烯泡沫塑料棒材→黏贴防污胶带→清理缝槽→涂布基层处理剂→嵌填合成高分子密封材料→修整缝槽表面膏体→揭去防污胶带。

（1）外墙接缝嵌填密封膏施工

1）清理缝槽基层。进行嵌缝处理的墙板板缝宽度一般以15~30mm为宜。为使板面接缝线形美观，水平缝和垂直缝应做到横平竖直，缝槽两侧混凝土基层应坚实、平整、干燥。施工前，缝槽两侧的尘土、浮灰、碎渣及基底的污垢杂物用小平铲铲除，再用扫帚（或小油漆刷）和高压吹风机彻底清除干净，露出坚硬无尘埃的侧壁基面。

2）填塞聚乙烯泡沫塑料棒材。根据墙板板缝的宽度，选择直径比缝槽宽度大4~6mm的聚乙烯泡沫塑料棒材作为背衬材料，填塞于缝槽中，让槽壁挤紧棒材，并调整缝槽的嵌填深度为宽度的0.5~0.7倍。如嵌塞在缝槽内的背衬材料不是与任何密封材料都不黏结的聚乙烯泡沫塑料棒材，而是其他柔性材料，则应在其表面黏贴隔离条。黏贴时，隔离条不得过宽或过窄（过宽，占去了密封材料与缝槽两壁的黏结面积；过窄，则隔离不能完全起作用）。采用这一方法，也可预先将隔离条黏贴于大于1/2背衬材料的外表面，待填塞时，将贴有隔离条的一面朝外，这样就可避免出现以上两种情况。

3）黏贴防污胶带。为避免基层处理剂和密封材料弄脏缝槽两侧基面，应在两侧基面黏贴宽度为15~25mm的防污护面胶带。防污胶带不得贴入缝槽内，也不得远离缝槽，宜距缝槽立面1~2mm。

4）清理缝槽。经过上述步骤施工处理，缝槽内可能会落入尘土杂物。为提高合成高分子密封材料与缝槽的黏结力，在正式密封施工前，还应用高压吹风机将残留在缝槽两壁和背衬材料表面的尘土杂物再次吹净，否则将会严重影响缝槽的密封性能。

5）涂布基层处理剂。用油漆刷蘸取基层处理剂，均匀地涂刷在已清理干净的缝槽两壁基面上，不得漏涂。

6）嵌填合成高分子密封材料。嵌填密封材料的最佳时机是基层处理剂刚好表干时。不同种类的基层处理剂的表干时间是不尽相同的，一般从涂刷完至表干时间约为0.5h，时间间隔太久将会严重影响密封材料的密封性能。如时间间隔太久（如过夜），应重新涂刷基层处理剂。密封材料的嵌填，一般应采用嵌缝枪（挤出枪），少量修补时可用腻子刀。施工前，根据缝槽宽度选用合适的挤出嘴，或将锥体塑料嘴按缝槽宽度斜切开。如密封材料为筒装的单组分材料，则将其装入嵌缝枪中后即可进行嵌缝施工；如密封材料为双组分材料，则应按配方规定的比例混合搅拌均匀（膏体色泽一致）后再吸入专用的嵌缝枪的枪筒内进行嵌填施工。

嵌填的方法是：将挤出嘴伸入缝槽基底（背衬材料表面，但不要压碰背衬材料），并按挤出嘴的斜度进行倾斜，用手慢慢搬动嵌缝枪的把手，以缓慢均匀的速度边挤边移动，使密封材料从背衬材料表面由底向面地逐渐填满整个缝槽。膏体和膏体间、膏体和缝壁间应充实饱满，不得留有空鼓气泡。嵌填的接搓方法是：排尽挤出嘴内空气（方法是挤出一点密封材料），再将挤出嘴按倾斜度插入缝槽内已嵌填的密封膏体内，挤出嘴应直抵背衬材料表面，再按上述嵌填方法进行嵌填。嵌填的顺序一般应先嵌填垂直于地面的纵向缝槽、后嵌填平行于地面的横向缝槽。纵向缝槽应从墙根处由下向上进行嵌填，当从纵向缝槽缓慢地向上移动至纵横向交叉处的"十"字形缝槽时，应向两侧横向缝槽各移动嵌填150mm，并留成斜搓，以便于接搓施工。

7）修整。缝槽表面膏体密封材料嵌填完毕后，趁其还没有完全固化，反应型或溶剂型密封材料应立即用蘸过二甲苯或其他有机溶剂的开刀或小平铲，把超过墙板平面多余的密封材料刮平，并对较薄的部位进行添加补平。水溶性密封材料蘸水软化后刮平、补平。刮平时，刮刀应有一定的倾斜度，并应顺一个方向进行，不要来回刮抹，否则容易形成裂缝，要使刀的背面轻轻地在密封材料表面滑动，形成光滑的膏面。

8）揭去防污胶带。密封膏体修刮平整后，要及时揭去防污胶带。揭去后，如墙体表面沾有少量密封材料或残留防污胶带黏结剂痕迹，应视密封材料和黏结剂的性质，用相应的有机溶剂或水进行仔细擦除。擦抹时，要防止溶剂损坏或溶开密封材料与墙板的黏结缝。

9）自然固化。缝槽内的密封材料应静置自然养护2~3d，待密封材料表面干燥固化、与墙体黏结牢固、用手指碰之有硬感并不留指印时，才能清扫墙面，以防止提早清扫尘埃污染膏体表面或损坏膏体。对容易遭到损坏的接缝，在还没有固化的养护阶段，应贴纸胶带加以保护。

（2）聚氯乙烯胶泥条密封防水嵌缝施工　聚氯乙烯胶泥除了经熬制后可进行热灌施工外，还可在一定温度条件下经塑化、浇注、冷却后，制成条状弹性体密封材料，再用热熔法进行嵌缝施工。胶泥条以聚氯乙烯树脂、增塑剂、稳定剂和填充料按一定比例现场配制而成，也可从生产厂家购进成品胶泥条。

1）缝槽基层的清理要求与"合成高分子密封材料施工"相同。

2）嵌填密封。施工胶泥条嵌缝施工一般采用煤油（煤气）喷灯、乙炔喷枪操作。聚乙烯泡沫塑料棒材也可在用喷灯烘烤缝槽基层后再填塞。嵌缝时可由二人同时操作，一人用喷灯先烘烤板缝内两侧基面，当基面预热后立即转移烘烤胶泥条两侧；与此同时，第二人迅速将聚乙烯泡沫塑料棒材用弯钩钢筋推挤入缝槽内，这一操作需熟练，既要迅速、不影响胶泥条的填塞，又要使填塞深度满足胶泥条密封深度的要求（即密封深度为缝槽宽度的0.5~0.7倍）；当胶泥条经烘烤表面溶化后，第二人还应迅速用勾缝勾子将胶泥条勾入缝槽，紧压胶条，挤入缝内，并用小抹子抹压平整，使胶泥条与缝壁黏结牢固。胶泥条的接搓应采用大斜面搭接。

3）胶泥条的常规防水做法是：先在缝底用珍珠岩砂浆或C20细石混凝土勾缝，留出嵌填深度，待嵌填胶泥条后，再在其上抹108胶水泥砂浆，覆盖保护。这一做法的缺点是：胶泥四面受力，大大降低其密封使用性能。因此，一般需在胶泥的上底和下底均黏贴隔离条进行隔离，使其只受到两侧缝壁应力变化的影响，以克服以上缺点。

4.2.4 安全、质检与环保

1. 施工安全技术

（1）外墙工程施工安全规定

① 严禁在雨天、雪天和五级及以上大风天气施工。

② 门窗临边洞口部位，必须按临边、洞口防护规定设置安全护栏和安全网。

③ 外脚手架作业必须按照高处作业安全技术采取防护措施。

④ 施工人员应穿防滑鞋，特殊情况下无可靠安全措施时，操作人员必须系好安全带并扣好保险钩。

（2）外墙工程施工的防火安全规定

① 可燃类防水、保温材料进场后，应远离火源；露天堆放时，应采用不燃材料完全覆盖。

② 防水隔离带施工应与保温材料施工同步进行。

③ 施工作业区应配备消防灭火器材。

④ 火源、热源等火灾危险源应加强管理。

2. 施工质量标准与检查评价

① 防水层不得有渗漏现象。

② 使用的材料应符合设计要求。

③ 找平层应平整坚固，不得有空鼓、起砂、起皮现象。

④ 涂膜防水层应无裂纹、皱褶、流淌、鼓泡和露胎体现象。

⑤ 防水透气膜应铺设平整、固定牢固，不得有皱褶、翘边等现象。搭接宽度符合要求，搭接缝和细部构造密封严密。

⑥ 外墙防护层应平整、固定牢固，构造符合设计要求。

⑦ 外墙防水层渗漏检查应在持续淋水 2h 后或雨后进行。

⑧ 外墙防水防护使用的材料应有产品合格证和出厂检验报告，材料的品种、规格、性能等应符合国家现行有关标准和设计的要求。对进场的防水防护材料应抽样复检，并提出抽样试验报告，不合格的材料不得在工程中使用。

⑨ 外墙防水防护工程应按装饰装修分部工程的子分部工程进行验收。

⑩ 建筑外墙防水防护工程各分项工程施工质量的检验数量，外墙面积每 $500m^2$ 抽一处，每处 $10m^2$，且不得少于 3 处；不足 $500m^2$ 时应按 $500m^2$ 计算。节点构造进行全部检查。

3. 环保要求及措施

施工现场管理应当清洁无尘、无污染、无积水、低噪声、绿色、环保，主要有以下环保要求及措施：

① 合理安排作业时间，最大限度地减少噪声扰民。

② 对在施工中产生的垃圾，应立即回收并送至垃圾站。施工垃圾、生活垃圾分类存放，生活垃圾应分袋装，严禁乱扔垃圾、杂物；及时清运垃圾，保持生活区的干净、整洁；严禁在工地上燃烧垃圾。

③ 对废料、旧料做到每日清理回收，现场施工垃圾设专车及时清运。

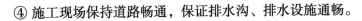

④ 施工现场保持道路畅通，保证排水沟、排水设施通畅。

4.2.5　装配式建筑外墙板防水工程的质量通病与防治

（1）阳台、雨篷板与墙面交接缝渗漏与防水处理　此处缝隙采用材料防水施工，一般使用建筑密封膏进行密封。建筑密封膏的嵌缝有两种做法，一种是在吊装阳台板之前将外侧接缝处清理干净，刷上冷底子油，然后将建筑密封膏搓成卷放在接缝处外侧，安装后膏体被压在板下。另一种做法是在阳台吊装后进行嵌缝。阳台板上下缝及两端相邻的立缝上下延伸200mm，均应嵌填建筑密封膏，外面再抹砂浆，两阳台底板连接处也必须嵌填建筑密封膏。

（2）女儿墙内立缝材料防水及压顶渗漏与处理

1）女儿墙现浇混凝土组合柱与预制女儿墙之间容易产生裂缝。雨水顺缝隙流入室内，造成渗漏，因此，组合柱混凝土应采用干硬性混凝土或微膨胀混凝土。

2）在防水施工时，沿组合柱外侧及女儿墙板的立缝用建筑密封膏填实，外面用水泥砂浆封闭保护。女儿墙板下部平缝处理同外墙相应部位。内立缝建筑密封膏应与屋面防水卷材搭接，顶部用60mm厚的细石混凝土压顶，向内泛水。

实训课题　外墙穿墙管道防水施工

1. 材料

UPVCφ50×2.4、UPVCφ25×2、聚合物水泥防水砂浆、建筑密封胶、止水圈、PVC专用胶水、中砂、实心黏土砖、水泥等。

2. 工具

手推车、胶皮管、筛子、铁锹、半截灰桶、小水桶、托线板、线坠、水平尺、小线、大铲、钢卷尺、2m靠尺、扫帚、钢锯等。

3. 实训内容

砌筑长1.0m、高1.0m、厚240mm的砖墙，将穿墙套管安装在约0.9m高的位置，再将管道穿于其中，密封。

4. 实训要求

① 砖墙施工同砌体施工实训（此处略）。

② 套管埋设应内高外低，坡度不应小于5%，套管周边应作防水密封处理，如图4-14所示。要求套管内侧与墙齐平，外侧超出墙面20mm，安装牢固。施工时，先在套管外壁套上直径略小的止水圈，然后在管外壁满涂一遍PVC专用胶水，再滚上一层中砂，待砖墙砌至管下口50mm处时铺50mm厚防水砂浆，安装套管，确保套管四周均有50mm厚的防水砂浆包裹。

③ 聚合物水泥砂浆封堵，干燥后在外部用建筑密封胶密封。

5. 考核与评价

外墙穿墙管道防水施工实训项目成绩评定采用自评、互评和教师评价三结合的方法。对外墙穿墙管道防水工程进行质检、评价、确定成绩，学生成绩评定项目、分数、评定标准见表4-8，将学生的得分填入成绩评定表中。

表4-8　外墙穿墙管道防水施工成绩评定表

序号	项　　目	分项内容	满分	评定标准	得分
1	套管埋设坡度	过程和操作质量	15	套管埋设应内高外低，坡度不应小于5%	
2	套管内外超出	过程和操作质量	10	套管内侧与墙齐平，外侧超出墙面20mm	
3	套管牢固	过程和操作质量	15	套管外壁套上直径略小的止水圈，然后在管外壁满涂一遍PVC专用胶水，再滚上一层中砂，待砖墙砌至管下口50mm处时铺50mm厚防水砂浆，安装套管，要求安装牢固	
4	套管外侧砂浆厚度	过程和操作质量	15	套管四周均有50mm厚的防水砂浆包裹	
5	聚合物水泥砂浆封堵	过程和操作质量	10	聚合物水泥砂浆封堵要密实、无孔洞，外部管道四周围留凹槽	
6	外侧密封胶	过程和操作质量	10	封堵砂浆干燥后，在外部管道周围的凹槽处用硅酮密封胶密封	
7	安全文明施工	安全生产	10	按本项目相关内容执行	
8	团队协作能力	过程	7	小组成员配合操作	
9	劳动纪律	过程	8	不迟到、不旷课、不做与实训无关的事情	

项 目 小 结

　　本项目包括普通建筑外墙体构造防水施工和装配式建筑外墙体接缝密封防水施工两个工作任务，具体介绍了外墙墙身和外墙饰面及变形缝的防水构造、使用材料与施工机具等基本知识，重点讲解了外墙墙身、外墙饰面和装配式建筑外墙接缝处防水施工过程（施工前准备工作、施工要点、施工工艺、安全管理、质量检查验收、环保要求及质量通病与防治）。通过本项目的学习，使学生具有对进场材料进行质量检验的能力，具有编制外墙防水工程施工方案的能力，具有组织外墙防水工程施工的能力，能够按照国家现行规范对外墙防水工程进行施工质量控制与验收，能够组织安全施工。通过分小组完成实训任务，可以培养学生的责任心、团队协作能力、开拓精神和创新意识等，增强其政治素质，提升其职业道德。

项目5

水池、水塔防水工程施工

 预备知识

在城市给水排水工程中，各类储水池（水池、水塔）、管道的防水尤为重要。水池的种类很多，包括蓄水池、游泳池、浴池、污水处理池等多种形式。水池的防水目的是避免渗漏水，其防水设计一般多采用结构自防水混凝土和附加防水层相结合的防水方法。

水塔是民用建筑的主要配套构筑物，水塔水箱一般为砖砌加筋或钢筋混凝土浇筑而成的圆柱形封闭状的蓄水容器。其内设有进、出水管及泄水管等，水箱顶部设有保温层、防水层，水箱壁外侧做砖护壁，内设防水层，由于水塔水箱的平面尺寸较小（一般直径小于8m），其结构刚度较好，不易产生变形，因此防水材料宜选择刚性材料。

任务5.1 水池防水施工

导入案例

工程概况：某工业集团公司中心科研所事故应急水池，该水池工程结构形式采用整体现浇钢筋混凝土结构，采用三元乙丙-丁基橡胶卷材防水。总深3.0m，占地面积约87.84m²，有效容积252.4m³。6度抗震设防，结构使用年限为五十年。本工程图纸已通过会审，已编制了防水施工方案。施工机具等已准备就绪。现场施工条件：施工负责人已向班组进行了技术交底；现场专业技术人员、质检员、安全员、防水工等已准备就绪。

工作任务

能根据不同的具体情况制定相应的水池防水施工方案。

能力目标

能够根据工程特点和工程所在地区气候特点确定防水材料；能够进行水池防水施工；能够进行水池防水工程施工质量控制与验收；能够组织水池防水工程安全施工。

知识目标

了解水池卷材防水材料的品种、适用范围和质量要求；熟悉水池防水的构造层次和细部构造；掌握常用水池防水施工工艺。

5.1.1 水池防水的构造

水池卷材防水构造如图 5-1 所示。对于平面尺寸较小的水池，结构变形小，一般采用刚性防水材料做防水层；对于贮量较大的水池，由于结构易产生变形开裂，一般选用延伸性较好的防水卷材或防水涂料做防水层；经常受强烈振动、冲击、磨损的地下水池工程，可采用金属防水层；贮存或过滤沉淀生活用水、养殖用水以及种植用水的水池，防水材料应是无毒无害的热水池，宜选用耐热度高的防水材料；污水处理需选用耐酸碱、耐腐蚀性能好的防水材料。这里以三元乙丙-丁基橡胶卷材防水为例，介绍水池卷材防水的施工要点。

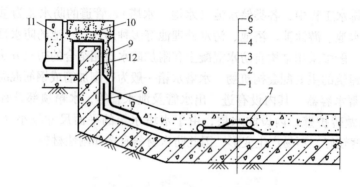

图 5-1　水池卷材防水构造

1—素土夯实　2—水池底板　3—基层处理剂（聚氨酯底胶）及胶粘剂　4—卷材防水层搭接缝
5—卷材附加层　6—细石混凝土保护层　7—嵌缝密封膏　8—卷材附加补强层
9—水泥砂浆黏结层　10—剁斧花岗岩块　11—混凝土压块　12—钢筋混凝土池壁

5.1.2 使用材料与机具

1. 主要材料

三元乙丙-丁基橡胶卷材、聚氨酯底胶、CX-404 胶粘剂、丁基胶粘剂、聚氨酯嵌缝膏、二甲苯、乙酸乙酯。

2. 施工机具

手提式电动搅拌机、高压吹风机、平铲、钢丝刷、扫帚、铁桶、色粉袋、弹线、剪刀、滚刷、油漆刷、压辊、橡皮刮板、铁抹子、开罐刀、棉纱、皮卷尺、钢卷尺。

5.1.3 水池防水施工过程

1. 施工前准备工作

（1）技术准备　施工前要熟悉图纸，了解设计意图；编制施工方案，明确施工段划分、施工顺序、施工方法、施工进度、操作要点、技术措施、质量标准、安全注意事项；确定施工中的检验程序；做好施工记录；进行技术交底。

（2）材料机具准备　材料机具准备包括防水材料的进场和抽检，配套材料准备，机具进场、试运转等。

（3）现场条件准备

① 防水必须由专业队施工，持证上岗。

② 铺贴防水层的基层必须坚固、不起砂、不起皮、表面清洁平整，用2m直尺检查，最大空隙不应大于5mm，不得有空鼓、开裂、起砂、脱皮等缺陷，空隙只允许平缓变化。阴阳角处应做成半径为50mm的圆角。表面的尘土、杂物必须彻底清除干净。

③ 基层应符合设计要求，表面应顺平，基层表面必须干燥，含水率应不大于9%。简易的检测方法是将1m×1m卷材或塑料布平铺在基层上，静置3~4h（阳光强烈时1.5~2h）后掀开检查，若基层覆盖部位卷材或塑料布上未见水印即可施工。

④ 卷材及配套材料必须验收合格，其规格、技术性能必须符合设计要求及标准的规定。存放易燃材料应避开火源。

⑤ 卷材严禁在雨天、雪天施工，五级及以上大风天气不得施工，气温低于0℃时不宜施工。

⑥ 卷材施工若需动用明火，施工前应向公司保卫部门申请动火许可证，获准后才可进行。

2. 施工要点

施工工艺：基层处理→涂刷聚氨酯底胶→复杂部位增强处理→爬梯密封处理→排料弹线→铺贴卷材防水层→蓄水试验→保护层施工→检查验收。

1）基层处理：铲除基层表面的异物，用高压吹风机吹扫阴阳角管根、排水口等部位，用溶剂清洗基层表面油污。

2）涂刷聚氨酯底胶：将聚氨酯涂膜防水材料，按甲料：乙料为1：3的比例（质量比）配合，搅拌均匀即成底胶。将配好的底胶用毛刷在阴阳角、管根部涂刷，再用长把滚刷进行大面积涂布，厚薄要均匀一致，不得有漏刷、露底现象。

3）复杂部位增强处理：在水池底板与立面交接处、立面转角处，每边250mm处铺贴三元乙丙-丁基橡胶卷材加强层，供水管、泄漏管穿墙体或底板部位应先密封，再铺贴加强层（圈），加强层应伸入泄水口内不少于50mm。

4）爬梯密封处理：爬梯应埋设牢固，根部应进行密封处理；未处理时应剔凿20mm×20mm槽，并清理冲洗干净，干燥后嵌填密封材料密封，并贴铺一层卷材加强层。

5）排料弹线：测量池底宽度，根据卷材幅宽和纵向搭接缝距平立面交接处距离（宜大于350mm）在底板上弹线。

6）铺贴卷材防水层：先铺平面再铺立面。平面铺贴卷材的顺序，可以从中间开始向两边推进，也可以从两边（或一边）开始向中间推进。铺贴卷材前，先在铺贴位置涂刷胶粘剂，涂刷均匀，不得漏涂，再在卷材上涂胶粘剂，待胶粘剂表干后，铺贴卷材，边铺边用小压辊压实，赶出黏结部位的空气。卷材与卷材的搭接长、短边均为80mm，短边接头应错开半幅卷材以上，不得形成十字缝。

接头处理的做法是：将接头处翻开，每隔500~1000mm用CX-404胶临时固定，大面积卷材铺好后即黏贴接头。将丁基胶粘剂按A：B=1：1（质量比）的比例配合搅拌均匀，用毛刷均匀涂刷在翻开接头的表面，干燥10~38min，从一端开始边压合边挤出空气，黏贴好的接头不允许有皱褶、气泡等缺陷，然后用铁辊滚压一遍，卷材重叠三层的部位，用聚氨酯嵌缝膏密封。

7）蓄水试验：卷材防水层完工后做蓄水试验，无渗漏为合格。

8）保护层施工：蓄水试验合格后，放水干燥，在防水层上薄涂一层聚氨酯涂膜防水材料，随刷随铺细砂。待该层涂料固化成膜后，在其上做刚性保护层。

5.1.4 安全、质检与环保

1. 施工安全技术

1）防水工程施工必须符合下列安全规定：

① 严禁在雨天、雪天和五级及以上大风天气施工。

② 水池周边和预留孔洞部位，必须按临边、洞口防护规定设置安全护栏和安全网。

③ 施工人员应穿防滑鞋，特殊情况下无可靠安全措施时，操作人员必须系好安全带并扣好保险钩。

2）防水工程施工的防火安全应符合下列规定：

① 可燃类防水、保温材料进场后，应远离火源；露天堆放时，应采用不燃材料完全覆盖。

② 不得直接在可燃类防水、保温材料上进行热熔或热粘法施工，施工作业区应配备消防灭火器材。

③ 需要进行焊接、钻孔等施工作业时，周围环境应采取防火安全措施。配备足够的消防器材，一般一个气瓶配一个灭火器。

④ 连接石油液化气瓶与喷枪的燃气胶管长度要适当，一般取20m左右。点火前，应先关闭喷枪开关，然后旋开燃气瓶开关，检查各连接部位是否有漏气，确认无误后才可点燃喷枪。点火时，必须做到"火等气"，即使用时将火源送至排气口处再打开气阀。

⑤ 配备的安全灭火器材要做到专人保管、专人维修、定期检查，保证器材的完好率为100%。

⑥ 因喷枪火焰温度极高，在使用过程中持枪人要小心谨慎、专心细致，严禁火焰头朝人，以免烧伤别人或自己，特别是在夏天强烈的阳光下，难以看清火头，在整个施工过程中尤其要牢记。

⑦ 严格按照现场的布局划分用火作业区、易燃材料区、生活区，保持防火间距。

2. 施工质量标准与检查评价

卷材防水层质量标准和检验方法见表5-1。

表5-1 卷材防水层质量标准和检验方法

序 号	项 目		质量要求或允许偏差	检 验 方 法
1	主控项目	材料质量	防水卷材及其配套材料的质量，应符合设计要求	检查出厂合格证、质量检验报告和进场检验报告
2		池底渗漏	卷材防水层不得有渗漏和积水现象	雨后观察或淋水、蓄水试验
3		细部构造	卷材防水层的防水细部构造，应符合设计要求	观察检查

（续）

序　号	项　目		质量要求或允许偏差	检验方法
4	一般项目	搭接缝	卷材的搭接缝应黏结或焊接牢固，封闭应严密，不得扭曲、皱褶和起泡	观察检查
5		收头	卷材防水层的收头应与基层黏结，钉压牢固，封闭应严密，不得翘边	观察检查
6		防水层铺贴	卷材防水层的铺贴方向应正确，卷材搭接宽度的允许偏差为−10mm	观察和尺量检查

3. 环保要求及措施

施工现场管理应做到清洁无尘、无污染、无积水、低噪声、绿色、环保，主要有以下环保要求及措施：

① 加强环保意识，合理安排作业时间，通过严格管理最大限度地减少噪声扰民。

② 对在施工中产生的垃圾，如包装纸、塑料桶、基层清理的垃圾等，应立即回收，送至垃圾站。

③ 施工垃圾、生活垃圾分类存放，生活垃圾应分袋装，严禁乱扔垃圾、杂物；及时清运垃圾，保持生活区的干净、整洁；严禁在工地上燃烧垃圾。

④ 对废料、旧料做到每日清理回收，现场施工垃圾设专车及时清运。

⑤ 施工现场保持道路畅通，保证排水沟、排水设施通畅。

5.1.5　水池防水工程的质量通病与防治

（1）卷材防水层空鼓　铺贴后的卷材表面，经敲击或手感检查有空鼓现象。

1）原因分析：

① 基层潮湿，卷材与基层黏结不良。

② 由于人员走动或其他工序的影响，基层表面被泥水沾污，与基层黏结不良。

③ 立墙卷材的铺贴，操作比较困难，热作业容易造成铺贴不实不严。

2）预防措施：

① 防止由于毛细水上升造成基层潮湿。

② 保持找平层表面干燥洁净。

③ 铺贴卷材保证卷材与基层表面黏结。

④ 卷材均应保证铺实贴严。

3）治理方法：对于检查出的空鼓部位，应剪开重新分层黏贴。

（2）卷材转角部位或防水层被破坏，导致后期渗漏

1）原因分析：

① 在转角部位，卷材未能按转角轮廓铺贴严实，后浇或后砌主体结构时此处卷材遭破坏。

② 所选用的卷材不能确保转角处卷材铺贴严密。

③ 在转角处未按照有关要求增设卷材附加层。

④ 砖砌保护层，砖块、预拌砂浆与防水层接触凹凸不平。

⑤ 建筑物完工以后，主体结构与保护砖墙不能同步沉降产生巨大的磨擦力而相互错动，拉裂了防水层。

2）预防措施：

① 基层转角处应做成圆弧形或钝角。

② 改进接槎和保护层。

3）治理方法：当转角部位出现黏结不牢、不实等现象时，应将该处卷材撕开，返工处理。

任务5.2 水塔防水施工

 导入案例

某省会城市物流中心水塔工程项目概况：新建水塔为 $200m^3$ 钢筋混凝土倒锥壳保温水塔，水塔高度 35m，直径 6m。筒身设有大门和气窗，支筒内及水箱内设有钢直梯，塔顶设有不锈钢栏杆，可上人观景。本工程图纸已通过会审，已编制了防水施工方案。施工机具等已准备就绪。现场施工条件：施工负责人已向班组进行了技术交底；现场专业技术人员、质检员、安全员、防水工等已准备就绪。

工作任务

能根据不同的具体情况制定相应的水塔防水施工方案。

能力目标

能够根据工程特点和工程所在地区气候特点确定防水材料；能够进行水塔防水施工；能够进行水塔防水工程施工质量控制与验收；能够组织水塔防水工程安全施工。

知识目标

了解水塔防水材料的品种、适用范围和质量要求；熟悉水塔防水的构造层次和细部构造；掌握常用水塔防水施工工艺。

5.2.1 水塔防水构造

水塔是建筑群的主要配套构筑物，水塔水箱的防水施工是建筑防水施工的组成部分。水塔水箱分平底水箱和壳形底水箱。砖砌水箱或钢筋混凝土平底水箱一般容积为 $30\sim50m^3$，钢筋混凝土壳形底水箱一般容积为 $100\sim200m^3$。

水塔水箱是圆柱形或圆锥形封闭蓄水容器，内设进出水管、泄水管等。水箱顶设保温层、防水层，水箱壁外侧做砖护壁，内设防水层。钢筋混凝土水塔水箱防水构造如图 5-2 所示。

由于水塔水箱的平面尺寸较小，直径一般小于 8m，其结构紧凑，不易变形、开裂，因

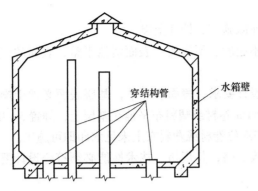

图 5-2 水塔水箱防水构造示意

此宜采用结构自防水和防水砂浆等刚性防水做法；也可选用无毒、挥发性小的防水涂料，饮用水水箱所用的防水涂料，必须要符合国家饮用水检验标准。

5.2.2 使用材料与机具

1. 主要材料

主要材料为防水砂浆，普通防水砂浆的性能应符合表 5-2 的规定。

表 5-2 普通防水砂浆的性能指标

试 验 项 目		技 术 指 标
稠度/mm		50，70，90
终凝时间/h		≥8，≥12，≥24
抗渗压力/MPa	28d	≥0.6
拉伸粘结强度/MPa	14d	≥0.20
收缩率（%）	28d	≤0.15

2. 主要机具

砂浆搅拌机、纸筋灰拌合机、窄手推车、铁锹、筛子、水桶、灰槽、灰勺、刮杠（大 2.5m、中 1.5m）、靠尺板（2m）、线坠、钢卷尺（标、验）、方尺（标、验）、托灰板、铁抹子、木抹子、塑料抹子、八字靠尺、方口尺、阴阳角抹子、长舌铁抹子、金属水平尺、软水管、长毛刷、鸡腿刷、钢丝刷、扫帚、喷壶、小线、钻子（尖、扁）、粉线袋、铁锤、钳子、钉子、托线板等。

5.2.3 水塔水箱防水施工过程

1. 施工前准备工作

（1）技术准备　施工前要熟悉图纸，了解设计意图，编制施工方案，明确施工顺序、施工方法、施工进度、操作要点、技术措施、质量标准、安全注意事项；确定施工中的检验程序，做好施工记录，进行技术交底。

（2）材料机具准备　材料机具准备包括防水材料的进场和抽检，水泥砂浆搅拌设备、提升运输设备、灰斗、材料称量设备、抹灰工具、扫帚、基层清理工具以及必要的安全与防护用品。

（3）现场条件准备

① 外防水必须由专业队施工，持证上岗。

② 基层必须坚固、不起砂、不起皮、表面清洁平整，表面的尘土、杂物必须彻底清除干净。

③ 基层坡度应符合设计要求，表面应顺平，基层表面必须干燥，含水率应不大于9%。简易的检测方法是将1m×1m卷材或塑料布平铺在基层上，静置3~4h（阳光强烈时1.5~2h）后掀开检查，若基层覆盖部位卷材或塑料布上未见水印即可施工。

④ 配套材料必须验收合格，其规格、技术性能必须符合设计要求及标准的规定。存放易燃材料应避开火源。

⑤ 严禁在雨天、雪天施工，五级及以上大风天气时不得施工，气温低于0℃时不宜施工。

2. 施工要点

基本步骤：施工准备→基层处理→涂抹防水层→养护。

1）施工准备：水泥采用强度等级不低于42.5级的普通硅酸盐水泥或硅酸盐水泥；砂为中砂，含泥量小于1%，水为洁净水（自来水）。水泥砂浆防水层配合比见表5-3。

表5-3　水泥砂浆防水层配合比

名　称	配合比（质量比）		水 灰 比	适 用 范 围
	水泥	砂		
水泥浆	1		0.55~0.60	水泥砂浆防水层第一层
水泥浆	1		0.37~0.40	水泥砂浆防水层的第三、五层
水泥砂浆	1	1.5~2.0	0.40~0.50	水泥砂浆防水层的第二、四层

2）基层处理：基层表面应平整、坚实、粗糙、清洁，基层表面的孔洞、缝隙用水泥砂浆堵塞抹平，方法是清扫干净→洒水湿润→涂抹1~2mm厚水泥浆→水泥砂浆堵塞并抹平→扫毛面。

3）涂抹防水层：

① 将穿墙（结构）管和预埋件预留凹槽用密封材料密封。

② 抹灰基层洒水湿润。

③ 按照顶面→立面→底面的顺序抹灰。

④ 按表5-4所列方法抹灰，每层宜连续施工，如必须留槎时，采用阶段坡形槎，但距离阴阳角应大于200mm，接槎应依层次顺序操作，层层搭接紧密。

4）养护：砂浆防水层终凝后进行养护，养护温度不低于5℃，养护时间不少于14d，养护期间保持湿润。

表5-4　水泥砂浆防水层抹灰方法

分 层 做 法	厚度/mm	操 作 要 点
第一层水泥砂浆	2	分两次抹压，头遍厚1mm结合层，用铁抹子反复用力抹压5~6遍，使素灰填实找平层孔隙，再均匀抹1mm厚素水泥浆找平，用毛刷轻轻将灰面拉成毛纹

（续）

分 层 做 法	厚度/mm	操 作 要 点
第二层水泥砂浆	4~6	第一层素水泥浆层初凝后，手指能按入 1/2 深时抹第二层水泥砂浆，抹压要轻，不要破坏素浆层，但需与素浆层牢固地黏结在一起，在水泥砂浆初凝前用扫帚顺一个方向扫出横向纹路，避免来回扫，以防砂浆脱落
第三层水泥砂浆	2	隔 24h 抹，基层稍洒水湿润，操作同第一层，但按垂直方向刮抹素水泥浆，并上下往返刮抹 4~5 次
第四层水泥砂浆	4~6	在第三层素水泥浆凝结前进行，抹法同前，抹后在砂浆初凝前用铁抹子分两次抹压 4~5 遍以增加实度
第五层水泥浆	2	用毛刷依次均匀涂刷素水泥浆一遍，稍干，提浆，与第四层抹实压光

5.2.4 安全、质检与环保

1. 施工安全技术

水塔工程施工必须符合下列安全规定：

1）严禁在雨天、雪天和五级及以上大风天气施工。

2）高处作业安全防护，门窗临边洞口部位，必须按临边、洞口防护规定设置安全护栏和安全网。

3）外脚手架作业必须按照高处作业安全技术采取防护措施。

4）施工人员应穿防滑鞋，特殊情况下无可靠安全措施时，操作人员必须系好安全带并扣好保险钩。

2. 施工质量标准与检查评价

砂浆防水层质量标准和检验方法见表 5-5。

表 5-5　砂浆防水层质量标准和检验方法

序号	项目	质 量 要 求	检 验 方 法
1	主控项目	砂浆防水层的原材料、配合比及性能指标，必须符合设计要求	检查出厂合格证、质量检验报告、计量措施和抽样试验报告
2		砂浆防水层不得有渗漏现象	持续淋水 30min 后观察检查
3		砂浆防水层与基层之间及防水层各层之间应结合牢固，无空鼓	观察和用小锤轻击检查
4		砂浆防水层在门窗洞口、穿墙管、预埋件、分格缝及收头等部位的节点做法，应符合设计要求	观察检查和检查隐蔽工程验收记录
5	一般项目	砂浆防水层表面应密实、平整，不得有裂纹、起砂、麻面等缺陷	观察检查
6		砂浆防水层施工缝留槎位置应正确，接槎应按层次顺序操作，层层搭接紧密	观察检查
7		砂浆防水层的平均厚度应符合设计要求，最小厚度不得小于设计值的 80%	观察和尺量检查

3. 环保要求及措施

施工现场管理应做到清洁无尘、无污染、无积水、低噪声、绿色、环保，主要有以下环保要求及措施：

① 加强环保意识，合理安排作业时间，通过严格管理最大限度地减少噪声扰民。

② 对在施工中产生的垃圾，如包装纸、塑料桶、基层清理的垃圾等，应立即回收，送至垃圾站。

③ 施工垃圾、生活垃圾分类存放，生活垃圾应分袋装，严禁乱扔垃圾、杂物；及时清运垃圾，保持生活区的干净、整洁；严禁在工地上燃烧垃圾。

④ 对废料、旧料做到每日清理回收，现场施工垃圾设专车及时清运。

⑤ 施工现场保持道路畅通，保证排水沟、排水设施通畅。

5.2.5　水塔防水工程的质量通病与防治

（1）水塔水箱防水工程的质量通病

① 找平层表面平整度差。

② 找平层有空鼓、开裂、起砂、脱皮现象。

③ 基层清理不干净、基层不干燥。

④ 砂浆找平层拌合不匀，有蜂窝现象。

⑤ 管根未做圆弧、上面无伞罩，无沥青麻丝缠绕收头。

（2）水塔水箱防水工程的质量通病处理措施

① 找平层宜采用 1∶3~1∶2.25（水泥∶砂）体积配合比，水泥强度等级不低于 32.5 级；不得使用过期和受潮结块的水泥，砂子含水量不应大于 5%。

② 做好水泥砂浆的摊铺和压实工作。推荐采用木靠尺刮平，木抹子初压，并在初凝收水前再用铁抹子二次压实和收光的操作工艺。

③ 基层表面必须干燥，含水率应不大于 9%。简易的检测方法是将 1m×1m 卷材或塑料布平铺在基层上，静置 3~4h（阳光强烈时 1.5~2h）后掀开检查，若基层覆盖部位卷材或塑料布上未见水印即可施工。

④ 宜用机械搅拌，并要严格控制水灰比（一般为 0.6~0.65），砂浆稠度为 70~80mm，搅拌时间不得少于 1.5min。

⑤ 连接和转角处、基层与凸出结构（立墙、变形缝等）的连接处、基层的转角处，均应做成圆弧形，且整齐平顺。内部进出水口周围应做成略低的凹坑。

实训课题　水池防水施工

1. 材料

1.5 厚 CPS 反应粘结型高分子湿铺防水卷材、马赛克面砖、1∶2.5 水泥砂浆、不锈钢钢丝网、水泥钉。

2. 工具

铁抹子、电动搅拌器、配料桶、木刮板、托灰板、大铲、和灰斗、塑料刮板、橡胶压辊、剪刀或裁纸刀、粉笔、钢卷尺、皮卷尺、墨盒等。

3. 实训内容

按图5-3所示，分组完成泳池侧壁和底板的防水施工内容。

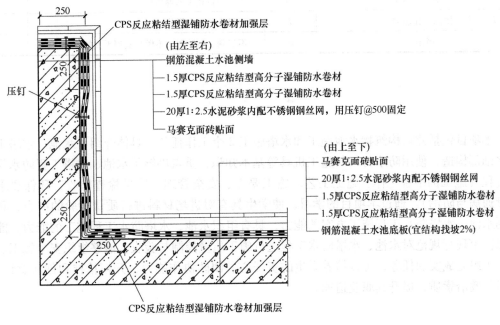

图5-3 泳池侧壁和底板防水构造节点大样

4. 实训要求

① 卷材 $10m^2$，泳池平面大面积铺贴 1.5mm 厚 CPS 反应粘结型高分子湿铺防水卷材施工，用压辊滚压密实。

② 卷材 $10m^2$，泳池立面大面积铺贴 1.5mm 厚 CPS 反应粘结型高分子湿铺防水卷材施工，用压辊滚压密实。

③ 泳池侧壁和底板表面铺贴马赛克面砖，要求表面平整，用白水泥扫缝。

5. 考核与评价

水池防水卷材施工实训项目成绩评定采用自评、互评和教师评价三结合的方法。对水池防水工程进行质检、评价、确定成绩，学生成绩评定项目、分数、评定标准见表5-6，将学生的得分填入成绩评定表中。

表 5-6 水池防水施工成绩评定表

序号	项 目	满分	评 定 标 准	得分
1	基层处理	5	表面干净、干燥	
2	立面卷材铺贴	25	卷材滚压密实，搭接尺寸符合规范要求	
3	平面卷材铺贴	25	卷材滚压密实，搭接尺寸符合规范要求	
4	卷材上端密封	10	卷材滚压密实，上端收头用钉子将金属压条固定牢固，密封胶密封实	
5	铺马赛克面砖	10	马赛克面砖表面平整、缝隙均匀顺直	

（续）

序号	项　目	满分	评定标准	得分
6	安全文明施工	10	按本项目相关内容执行	
7	团队协作能力	7	小组成员配合操作	
8	劳动纪律	8	不迟到、不旷课、不做与实训无关的事情	

项 目 小 结

　　本项目包括建筑构筑物水池施工和水塔施工2个工作任务，具体介绍了水池、水塔工程防水细部构造，使用防水材料与施工机具等基本知识，重点讲解了水池、水塔工程防水层施工过程（施工前准备工作、施工工艺、施工要点、安全管理、质量检查验收、环保要求及质量通病与防治）。通过本项目的学习，使学生具有对进场材料进行质量检验的能力，具有编制水池、水塔防水工程施工方案的能力，具有组织水池、水塔防水工程施工的能力，能够按照国家现行规范对水池、水塔防水工程进行施工质量控制与验收，能够组织安全施工。通过分小组完成实训任务，可以培养学生的责任心、团队协作能力、开拓精神和创新意识等，增强其政治素质，提升其职业道德。

项目6

安全防护与劳动保护

预备知识

1. 我国安全生产的基本方针：安全第一，预防为主。

2. 新工人进场必须进行三级安全教育。三级安全教育的程序是公司（分公司）、项目经理部、班组。上岗必须配挂工作卡。

3. 工地电工、焊工、登高架设作业人员、垂直运输机械作业人员、起重信号工、机械操作工等都属于特种作业人员（特殊工种），必须经过特殊的安全作业培训，并取得特种作业安全操作资格证书后，方可上岗作业。

4. "三违"行业：违章指挥、违章作业、违反劳动纪律的行为。

5. 戴安全帽必须系好扣带；安全带必须锁扣牢靠，要高挂低用；安全网不能破损，要绑扎牢固。

6. 现场作业严禁穿拖鞋、高跟鞋、硬底鞋及打赤脚。

7. "四口"（通道口、楼梯口、预留洞口、电梯井口）防护严禁随意拆除。

8. "五临边"（坑井边、梯段边、楼层边、阳台边、屋面边）操作，防护设施要严密。

9. "三不伤害"：不伤害他人、不伤害自己、不被别人伤害。

10. 遵章守法，讲究文明，服从指挥，踏实工作；不酒后上班，不工间嬉闹，不随处便溺。

11. 安全标志识别：红色表示限止（禁止）；黄色表示警告（当心、注意）；蓝色、绿色表示提示、提醒。

12. 要了解、熟悉施工现场"五牌一图"（工程概况牌、管理人员名单及监督电话牌、消防保卫牌、安全生产牌、文明施工牌和施工现场平面图）的内容。

13. 建筑施工存在"五大伤害"：高处坠落、物体打击、触电事故、机械伤害和坍塌事故。

任务6.1 高处作业与安全防护

导入案例

某汽车模具厂厂房工程，建筑面积 6000m²，地上两层，首层层高 13m，二层层高 3.6m。独立柱基础，现浇混凝土框架结构，首层结构柱一次浇筑。工期 300 日历天，由于工期紧张，现场需要多点交叉施工。

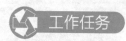 **工作任务**

能根据不同的具体情况制定相应的高处作业安全防护施工方案。

 **能力目标**

能够根据工程特点和工程所在地区特点确定高处作业防护材料；能够进行高处作业防护施工；能够进行高处作业防护工程施工质量验收。

知识目标

了解高处作业防护材料、用具的品种、适用范围和质量要求；掌握常用高处作业安全技术措施。

1. 高处作业的概念

按照国标规定："凡在坠落高度基准面 2m 以上（含 2m）有可能坠落的高处进行的作业称为高处作业"。

其涵义有两个：

一是相对概念，可能坠落的底面高度大于或等于 2m，也就是不论在单层、多层或高层建筑物作业，即使是在平地，只要作业处的侧面有可能导致人员坠落的坑、井、洞或空间，其高度达到 2m 及以上，就属于高处作业。

二是高低差距标准定为 2m，因为一般情况下，当人在 2m 以上的高度坠落时，就很可能会造成重伤、残废甚至死亡。

2. 高处作业的级别

高处作业的级别按作业高度可分为四级，即高处作业在 2~5m 时，为一级高处作业；5~15m 时，为二级高处作业；15~30m 时，为三级高处作业；大于 30m 时，为特级高处作业。高处作业又分为一般高处作业和特殊高处作业，其中特殊高处作业又分为八类。

特殊高处作业分类：

① 在阵风风力六级以上的情况下进行的高处作业称为强风高处作业。

② 在高温或低温环境下进行的高处作业，称为异温高处作业。

③ 降雪时进行的高处作业，称为雪天高处作业。

④ 降雨时进行的高处作业，称为雨天高处作业。

⑤ 室外完全采用人工照明时的高处作业，称为夜间高处作业。

⑥ 在接近或接触带电体条件下进行的高处作业，为带电高处作业。

⑦ 在无立足点或无牢靠立足点的条件下进行的高处作业，称为悬空高处作业。

⑧ 对突然发生的各种灾害事故进行抢救的高处作业，称为抢救高处作业。

一般高处作业指的是除特殊高处作业以外的高处作业。

3. 高处作业安全防护技术

1）悬空作业处应有牢靠的立足处，凡是进行高处作业施工的，应使用脚手架、平台、梯子、防护围栏、挡脚板、安全带和安全网等安全设施。

2）凡从事高处作业人员应接受高处作业安全知识的教育；特殊高处作业人员应持证上岗，上岗前应依据有关规定进行专门的安全技术交底。采用新工艺、新技术、新材料和新设备的，应按规定对作业人员进行相关安全技术教育。

3）悬空作业所用的索具、脚手板、吊篮、吊笼、平台等设备，均需经过技术鉴定或检验合格后方可使用。

4）高处作业人员应经过体检，合格后方可上岗。施工单位应为作业人员提供合格的安全帽、安全带等必备的个人安全防护用具，作业人员应按规定正确佩戴和使用。

5）施工单位应按高处作业类别，有针对性地将各类安全警示标志悬挂于施工现场各相应部位，夜间应设红灯示警。

6）安全防护设施应由单位工程负责人验收，并组织有关人员参加。

7）安全防护设施的验收，应具备下列资料：

① 施工组织设计及有关验算数据。

② 安全防护设施验收记录。

③ 安全防护设施变更记录及签证。

8）安全防护设施的验收，主要包括以下内容：

① 所有临边、洞口等各类技术措施的设置情况。

② 技术措施所用的配件、材料以及工具的规格和材质。

③ 技术措施的节点构造及其与建筑物的固定情况。

④ 扣件和连接件的紧固程序。

⑤ 安全防护设施的用品及设备的性能与质量是否合格的验证。

⑥ 高处作业前，工程项目部应组织有关部门对安全防护设施进行验收，并作出验收记录，经验收合格签字后方可作业。需要临时拆除或变动安全设施的，应经项目技术负责人审批签字，并组织有关部门验收，经验收合格签字后方可实施。

9）高处作业所用工具、材料严禁投掷，上下立体交叉作业确有需要时，中间须设隔离设施。

10）高处作业应设置可靠扶梯，作业人员应沿着扶梯上下，不得沿着立杆与栏杆攀登。

11）在雨雪天应采取防滑措施，当风速在 10.8m/s 以上和雷电、暴雨、大雾等气候条件下，不得进行露天高处作业。

12）高处作业上下应设置联系信号或通信装置，并指定专人负责。

任务6.2 临边作业安全防护

导入案例

某厂检修人员为更换输煤皮带打开吊砣间的起吊孔（标高25m），仅用一条尼龙绳作为简易围栏。1月17日上午，工作负责人于某带领岳某等人到达吊砣间，进行疏通落煤筒工作，虽发现起吊孔未设围栏，但未采取防护措施，便开始作业。一工作人员用大锤砸落煤筒，岳某为躲避大锤后退时，从起吊孔坠落至地面（落差25m），抢救无效死亡。

工作任务

能根据不同的具体情况制定临边作业防护方案。

能力目标

能够根据工程特点确定临边作业防护材料；能够进行防护施工；能够进行防护设施施工质量检查与验收。

知识目标

了解临边作业防护材料的类型、适用范围和质量要求；掌握常用临边作业安全技术措施。

1. 临边作业的概念

在建筑工程施工中，当作业工作面的边缘没有围护设施或围护设施的高度低于80cm时，这类作业称为临边作业。临边与洞口处在施工过程中是极易发生坠落事故的场地，在施工现场，这些地方不得缺少安全防护设施。

2. 防护栏杆的设置场合

1）基坑周边、尚未装栏板的阳台、料台与各种平台周边、雨篷与挑檐边、无外脚手架的屋面和楼层边以及水箱周边必须设置防护栏杆。

2）分层施工的楼梯口和梯段边，必须设防护栏杆；顶层楼梯口应随工程结构的进度安装正式栏杆或临时栏杆；楼梯休息平台上尚未堵砌的洞口边也应设防护栏杆。

3）井架与施工用的电梯和脚手架与建筑物通道的两边，各种垂直运输接料平台等，除在两侧设置防护栏杆外，在平台口还应设置安全门或活动防护栏杆；地面通道上部应装设安全防护棚。双笼井架通道中间，应予分隔封闭。

3. 防护栏杆措施要求

临边防护用的栏杆由栏杆立柱和上下两道横杆组成，上横杆称为扶手。栏杆的材料应按规范要求选择，选材时除需满足力学条件外，其规格尺寸和连接方式还应符合构造上的要求，应紧固且不摇动，能够承受突然冲击，阻挡人员在可能状态下的下跌并防止物料的坠落，还要有一定的耐久性。

搭设临边防护栏杆时，上杆离地高度为1.0~1.2m，下杆离地高度为0.5~0.6m。坡度大于1:2.2的屋面，防护栏杆应高于1.5m，并加挂安全立网。除经设计计算外，横杆长度大于2m，必须加设栏杆立柱；防护栏杆的横杆不应有悬臂，以免坠落时横杆头撞击伤人；栏杆的下部必须加设挡脚板。栏杆柱的固定及其与横杆的连接应使防护栏杆在上杆任何处，能经受任何方向的1000N外力。当栏杆所处位置有发生人群拥挤、车辆冲击或物件碰撞等可能时，应加大横杆截面或加密柱距。防护栏杆必须自上而下用安全立网封闭。

栏杆柱的固定应符合下列要求：

①当在基坑四周固定时，可采用钢管并打入地面50~70cm深。钢管离边口的距离，不应小于50cm。当基坑周边采用板桩时，钢管可打在板桩外侧。

②当在混凝土楼面、屋面或墙面固定时，可用预埋件与钢管或钢筋焊牢。采用竹、木

栏杆时，可在预埋件上焊接30cm长的∟50mm×5mm角钢，其上下各钻一孔，然后用10mm螺栓与竹、木杆件栓牢。

③ 当在砖或砌块等砌体上固定时，可预先砌入规格相适应的80×6弯转扁钢作预埋铁的混凝土块，然后用上述方法固定。

任务6.3 洞口作业安全防护

导入案例

某机关综合办公楼工程，建筑面积12000m²，地上18层，地下2层，现浇混凝土框架结构。由某建筑工程公司施工总承包，施工过程中发生了如下事件。

事件一：施工至13层时，项目部安全检查中发现12层楼板有10个短边尺寸在2.5~25cm的孔口、5个边长为25~50cm的洞口、3个边长为50~150cm的洞口、两个边长为160cm的洞口没有进行洞口防护；落地电缆竖井门洞、首层车辆行驶通道旁的洞口没有防护。

事件二：施工过程中，项目部对基坑周边、尚未安装栏杆和栏板的阳台周边、无外脚手架防护的楼面与屋面周边、分层施工的楼梯与楼梯段边、龙门架、井架、施工电梯或外脚手架等通向建筑物的通道的两侧边等部位进行了临边防护检查验收。

事件三：基坑施工中，项目部对施工现场的防护进行了检查，检查中发现防护栏杆上杆离地高度为0.8~1.0m，下杆离地高度为0.5~0.6m；横杆长度大于3m的部位加设了栏杆柱；栏杆在基坑四周固定，钢管打入地面30~50cm深，钢管离边口的距离为50cm；栏杆下边设置了15cm高的挡脚板。

工作任务

能根据不同的具体情况制定相应的洞口防护施工方案。

能力目标

能根据工程特点确定洞口防护材料；能进行洞口防护施工；能进行洞口防护施工质量检查与验收。

知识目标

了解洞口防护设施材料的品种、适用范围和质量要求；熟悉洞口常用防护设施施工工艺。

1. 洞口作业的概念

施工现场，在建工程上往往存在着各式各样的洞口，在洞口旁的作业称为洞口作业。

在水平方向的楼面、屋面、平台等上面短边小于25cm（大于2.5cm）的称为孔，但也必须覆盖（应设坚实盖板并防止其挪动移位）；短边尺寸大于等于25cm的称为洞。

在垂直于楼面、地面的垂直面上，高度小于75cm的称为孔，高度大于等于75cm、宽度大于45cm的均称为洞。凡深度大于等于2m的桩孔、人孔、沟槽与管道等孔洞边沿上的高

处作业都属于洞口作业范围。

2. 洞口防护设施设置场合

1）各种板与墙的洞口，按其大小和性质分别设置牢固的盖板、防护栏杆、安全网或其他防坠落的防护设施。

2）电梯井口，根据具体情况设高度不低于 1.2m 的防护栏或固定栅门与工具式栅门，电梯井内每隔两层或最多 10m 设一道安全平网（安全平网上的建筑垃圾应及时清除），也可以按当地习惯，在井口设固定的格栅或采取砌筑坚实的矮墙等措施。

3）钢管桩、钻孔桩等桩孔口，柱基、条基等上口，未填土的坑、槽口以及天窗和化粪池等处，都要作为洞口采取符合规范的防护措施。

4）施工现场与场地通道附近的各类洞口与深度在 2m 以上的敞口等处除设置防护设施与安全标志外，夜间还应设红灯示警。

5）物料提升机的上料口，应装设有联锁装置的安全门，同时采用断绳保护装置或安全停靠装置；通道口走道板应平行于建筑物满铺并固定牢靠，两侧边应设置符合要求的防护栏杆和挡脚板，并用密目式安全网封闭两侧。

6）墙面等处的竖向洞口，凡落地的洞口应设置防护门或绑防护栏杆，下设挡脚板。低于 80cm 的竖向洞口，应加设 1.2m 高的临时护栏。

3. 洞口安全防护措施要求

洞口作业时根据具体情况采取设置防护栏杆、加盖板、张挂安全网、装栅门等措施。

1）楼板面的洞口，可用竹、木等作盖板，盖住洞口。盖板须能保持四周搁置均衡，并有固定其位置的措施。

2）短边小于 25cm（大于 2.5cm）的孔，应设坚实盖板并防止其挪动移位。

3）25cm×25cm～50cm×50cm 的洞口，应设置固定盖板，保持四周搁置均衡，并有固定其位置的措施。

4）短边边长为 50～150cm 的洞口，必须设置以扣件扣接钢管而成的网格，并在其上满铺竹笆或脚手板。也可采用贯穿于混凝土板内的钢筋构成防护网，钢筋网间距不得大于 20cm。

5）1.5m×1.5m 以上的洞口，四周必须搭设围护架，并设双道防护栏杆，洞口中间支挂水平安全网，网的四周牢固、严密。

6）墙面等处的竖向洞口，凡落地的洞口应加装开关式、工具式或固定式防护门，门栅网格的间距不应大于 15cm，也可采用防护栏杆，下设挡脚板（笆）。

7）下边沿至楼板或底面低于 80cm 的窗台等竖向洞口，如侧边落差大于 2m 应加设 1.2m 高的临时护栏。

8）洞口应按规定设置照明装置的安全标识。

任务 6.4 安全帽、安全带、安全网

 导入案例

2018 年 12 月 1 日中午 11 时 30 分左右，某混凝土构件公司起重操作工陈某某与吴某某

两人，在进行行车吊装水泥沟管作业。陈某某用无线遥控操作行车运行，挂钩工吴某某负责水泥沟管吊装。当行车吊装水泥沟管离地约20cm时，沟管出现摆动，碰撞陈某某小腿，致使陈某某后仰倒下，头部撞到身后堆放的水泥沟管，员工用厂车立即将其送往县人民医院，经抢救无效死亡。据调查，事故直接原因是陈某某在工作中，未按要求佩戴安全帽造成死亡事故。

工作任务

能根据不同的具体情况制定相应的安全网防护设施方案。

能力目标

能根据工程特点和安全防护要求确定安全网类型和材料；能进行安全网防护施工；能对安全网防护施工质量进行检查与验收。

知识目标

了解安全网防护材料的品种、适用范围和质量要求；掌握安全网常用搭设方法。进入施工现场人员必须戴安全帽，登高作业必须系安全带，安全防护必须按规定架设安全网。事实证明，安全帽、安全带、安全网是减少和防止高处坠落、物体打击这类事故发生的重要措施。建筑工人称安全帽、安全带、安全网为救命"三宝"。

6.4.1 安全帽

1）进入施工现场者必须戴安全帽。施工现场的安全帽应分色佩戴。

2）正确使用安全帽，不准使用缺衬及破损的安全帽。

3）安全帽应符合《头部防护 安全帽》（GB 2811—2019）的要求，选用经有关部门检验合格，其上有"安鉴"标志的安全帽。

4）戴帽前先检查外壳是否破损，有无合格帽衬，帽带是否齐全，如果不符合要求立即更换。

5）调整好帽箍、帽衬（4~5cm），系好帽带。

6.4.2 安全带

1）选用经有关部门检验合格的安全带，并保证在使用有效期内。

2）安全带严禁打结、续接。

3）使用中，要可靠地挂在牢固的地方，高挂低用，且要防止摆动，安全带上的各种部件不得任意拆掉，避免明火和刺割。

4）2m以上的悬空作业，必须使用安全带。

5）安全带使用两年以后，使用单位应按购进批量的大小，选择一定比例的数量进行一次抽检，用80kg的砂袋做自由落体试验，若未破断可继续使用，但抽检的样带应更换新的挂绳才能使用；若试验不合格，此批安全带就应报废。

6）安全带外观有破损或发现异味时，应立即更换。

7）安全带使用 3~5 年即应报废。

8）在无法直接挂设安全带的地方，应设置挂安全带的安全拉绳、安全栏杆等。

6.4.3 安全网

建筑工地使用的安全网，按形式及其作用可分为平网和立网两种。

平网，指其安装平面平行于水平面，主要用来承接人和物的坠落；立网，指其安装平面垂直于水平面，主要用来阻止人和物的坠落。

1. 安全网的构造和材料

安全网的材料，要求其相对体积质量小、强度高、耐磨性好、延伸率大且耐久性强。此外还应有一定的耐气候性能，受潮受湿后其强度下降不太大。目前，安全网以化学纤维为主要材料。同一张安全网上所有的网绳，都要采用同一材料，所有材料的湿干强力比不得低于75%。通常，多采用维纶和尼龙等合成化纤作网绳。丙纶由于性能不稳定，禁止使用。此外，只要符合国际有关规定的要求，亦可采用棉、麻、棕等植物材料作原料。不论用何种材料，每张安全平网的质量一般不宜超过 15kg，并应能承受 800N 的冲击力。

2. 密目式安全网

密目式安全网的目数为在网上任意一处的 $10cm \times 10cm = 100cm^2$ 的面积上，大于 2000 目。施工单位采购来以后，可以作现场试验，除外观、尺寸、重量、目数等的检查以外，还要做以下两项试验。

（1）贯穿试验 将 1.8m×6m 的安全网与地面成 30° 夹角放好，四边拉直固定。在网中心的上方 3m 的地方，用一根 $\phi 48 \times 3.5mm$ 的质量为 5kg 的钢管，自由落下，网不贯穿即为合格，若网贯穿，即为不合格。

（2）冲击试验 将密目式安全网水平放置，四边拉紧固定。在网中心上方 1.5m 处，用一个质量为 100kg 的砂袋自由落下，网边撕裂的长度小于 200mm 即为合格。

施工现场用大网眼的平网作水平防护的敞开式防护，用栏杆或小网眼的立网作半封闭式防护，从而实现了全封闭式防护。

3. 安全网防护

1）高处作业点下方必须设安全网。凡无外架防护的施工，必须在高度 4~6m 处设一层水平投影外挑宽度不小于 6m 的固定的安全网，每隔四层楼再设一道固定的安全网，并同时设一道随墙体逐层上升的安全网。

2）施工现场应积极使用密目式安全网，架子外侧、楼层邻边、井架等处用密目式安全网封闭栏杆，安全网放在杆件里侧。

3）单层悬挑架一般只搭设一层脚手板为作业层，故须在紧贴脚手板下部挂一道平网作防护层，当在脚手板下挂平网有困难时，也可沿外挑斜立杆的密目网里侧斜挂一道平网，作为人员坠落的防护层。

4）单层悬挑架包括防护栏杆及斜立杆部分，全部用密目网封严。多层悬挑架上搭设的脚手架，用密目网封严。

5）架体外侧用密目网封严。

6）安全网作防护层必须封挂严密牢靠，密目网用于立网防护，水平防护时必须采用平网，不准用立网代替平网。

7）安全网应绷紧扎牢、拼接严密，不使用破损的安全网。

8）安全网必须有产品生产许可证和质量合格证，不准使用无证、不合格产品。

9）安全网若有破损、老化应及时更换。

10）安全网与架体连接不宜绷得太紧，系结点要沿边分布均匀、绑牢。

任务 6.5　职业卫生防护

导入案例

2020 年 3 月 20 日，某市卫生局在对该市正大水泥有限公司检查时发现，该公司从事有职业危害工作的有 122 人，但该公司没有及时、如实地向卫生行政部门申报职业病危害项目；对从事有职业危害作业的工人未进行岗前、岗期、离岗时的职业健康体检；未提交职业病危害预评价报告。执法人员先后多次现场责令其整改，但该公司未予理会。处理结果：①警告；②责令改正对从事接触职业病危害作业的劳动者未组织岗前、岗期、离岗时职业健康检查的行为；③罚款人民币 30000 元整。后向法院申请强制执行。

工作任务

能根据职工从事的有产生职业病危害的情况制定相应的防护和管理措施。

能力目标

能根据职工工作环境和工作内容确定职业卫生防护的方案、防护设备、防护用具；能根据国家职业病防护要求做好职业病防护的宣传和教育工作。

知识目标

了解常见职业病防护的措施，防护用具及适用范围；熟悉国家职业病防护的方法和措施。

职业卫生防护工作中应首先抓好如下管理工作：

各在建工程的职业病防护设施所需费用纳入建设项目工程预算，并与工程同时设计，同时施工，同时投入使用。

①加强职工劳动过程中的防护与管理。

②对职业病防护设备、应急救援设施和个人使用的职业病防护用品，进行经常性的维护、检修，定期检测其性能和效果，确保其处于正常状态，使用期间不得擅自拆除或者停止使用。

在建筑施工中，存在的职业病的主要种类、危害工种及预防措施如下。

6.5.1　粉尘

1. 作业场所防护措施

（1）水泥除尘措施　在搅拌机拌筒出料口处安装胶皮护罩，挡住粉尘外扬；在拌筒上方安装吸尘罩，将拌筒进料口飞起的粉尘吸走；在地面料斗侧向安装吸尘罩，将加料时扬起的粉尘吸走。通过风机将上述空气吸走的粉尘先后送入旋风滤尘器，再通过器内水浴将粉尘降落，再用水冲入蓄集池。

（2）木屑除尘措施　在每台加工机械尘源上方或侧向安装吸尘罩，通过风机作用，将粉尘吸入输送管道，再送到蓄料仓内，可达到各作业点的粉尘浓度降至 $2mg/m^3$ 以下。

（3）金属除尘措施　用抽风机或通风机将粉尘抽至室外，净化处理后空中排放。

2. 个人防护措施

1）落实相关岗位的持证上岗制度，给施工作业人员提供扬尘防护口罩，杜绝施工操作人员超时工作现象。

2）检查措施：在检查项目工程安全的同时，检查工人作业场所的扬尘防护措施以及个人扬尘防护措施的落实，每月不少于一次，并指导施工作业人员减少扬尘的操作方法和技巧。

6.5.2　生产性毒物

主要受危害的工种有防水工、油漆工、喷漆工、电焊工、气焊工等工种。主要预防措施如下。

1. 作业场所防护措施

（1）防铅毒措施　允许浓度：铅烟 $0.03mg/m^3$，铅尘 $0.05mg/m^3$，超标者须采取措施。采用抽风机或用鼓风机升压将铅尘、铅烟抽至室外，进行净化处理后空中排放；以无毒、低毒物料代替铅丹，消除铅源。

（2）防锰中毒措施　集中焊接场所，用抽风机将锰尘吸入管道，过滤净化后排放；分散焊接点，可设置移动式锰烟除尘器，随时将吸尘罩设在焊接作业人员上方，及时吸走焊接时产生的锰烟尘；现场焊接作业区狭小，流动频繁，每次焊接作业时间短，难以设置移动排毒设备时应选择上风方向进行操作，以减少锰烟尘的危害。

（3）防苯毒措施　允许浓度：苯 $40mg/m^3$，甲苯和二甲苯 $100mg/m^3$，超标者须采取措施。喷漆，可采用密闭喷漆间，工人在喷漆间外操纵计算机控制，用机械手自动作业，以达到质量好、对人无危害的目的；在通风不良的地下室、污水池内涂刷各种防腐涂料等作业，必须根据场地大小，采取多台抽风机把苯等有害气体抽出室外，减少连续配料时间，防止苯中毒；凡在通风不良的场所和容器内涂刷冷沥青时，必须采取机械送风、送氧及抽风措施，不断稀释空气中的毒物浓度。

2. 个人防护措施

1）作业时佩戴有害气体防护口罩、眼睛防护罩，杜绝违章作业，采取轮流作业，杜绝施工操作人员超时工作现象。

2）在检查项目工程安全的同时，检查工人作业场所的通风情况以及个人防护用品的佩戴，及时制止违章作业。

3）指导、提高中毒事故中职工救人与自救的能力。

6.5.3　噪声

施工现场噪声主要来源于如钻孔机、电锯、振捣器、搅拌机、电动机、空压机、钢筋加工机械、木工加工机械等；主要受危害的工种有混凝土振捣工、打桩工、推土机工、平刨工等。

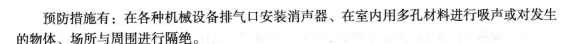

预防措施有：在各种机械设备排气口安装消声器、在室内用多孔材料进行吸声或对发生的物体、场所与周围进行隔绝。

1. 作业场所防护措施

1）在作业区设置防职业病警示标志。

2）在振源与需要防振的设备之间，安装具有弹性性能的隔振装置，使振源产生的大部分振动被隔振装置所吸收。

3）改革生产工艺，降低噪声。

4）在手持振动工具的手柄包扎泡沫塑料等隔振垫；工人操作时戴好专用防振手套，也可减少振动的危害。

2. 个人防护措施

1）为施工操作人员提供劳动防护耳塞，采取轮流作业，杜绝施工操作人员超时工作现象。

2）机械操作工要持证上岗，直接操作振动机械会引起手臂振动病，因此要为操作人员提供振动机械防护手套，延长换班休息时间，杜绝作业人员超时工作现象。

3）在检查工程安全的同时，检查警示标志的悬挂，作业场所的降噪措施，工人佩戴防护耳塞、防震手套，工作时间等情况的落实。

6.5.4 高温中暑的预防控制措施

1. 作业场所防护措施

1）调整作息时间，避免高温期间作业，对有条件的工作作业可搭设遮阳棚等防护措施。

2）在高温期间，为职工备足饮用水或绿豆水、防中暑药品和器材。

2. 个人防护措施

1）减少工人工作时间，尤其是延长中午休息时间。

2）夏季施工，在检查工程安全的同时，检查饮水、防中暑物品的配备情况，工人劳逸是否适宜，并指导、提高中暑情况发生时职工救人与自救的能力。

实训课题　外墙搭设双排脚手架并挂安全网

1. 材料

1）钢管：$\phi48\times3.5mm$，长度为6m、4m、2m及1.2m四种。

2）扣件：直角扣件、对接扣件、旋转扣件。

脚手架钢管质量必须符合国家标准《碳素结构钢》（GB/T 700—2006）中Q235-A级钢的规定。脚手架钢管的尺寸采用$\phi48\times3.5mm$，长度采用6m、4m、2m及1.2m四种；6m管10根、4m管15根、2m管20根、1.2m管12根。直角扣件50个；旋转扣件40个；对接扣件40个。踢脚板15m、木制脚手板8块、钢制脚手板10块；安全平网3张、安全立网3张，钢丝3扎。

2. 工具

钢卷尺、墨线盒、扳手、钢筋钩等。

3. 实训内容

拟搭设的双排多立杆式脚手架由大横杆、小横杆、立杆、斜撑、抛撑、剪刀撑、扫地杆、连墙杆、护栏杆、底座等组成，如图 6-1 所示多立杆式双排脚手架构造，长 6m、宽 1.2m、高 3m，上面绑扎部分安全平网和立网。

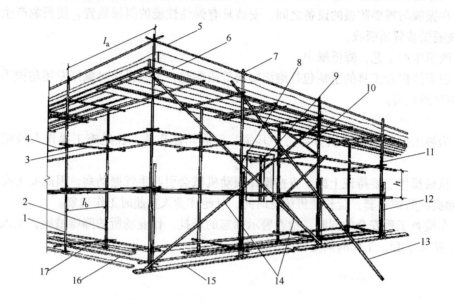

图 6-1　多立杆式双排脚手架构造

1—外立杆　2—内立杆　3—横向水平杆　4—纵向水平杆　5—栏杆　6—挡脚板　7—直角扣件
8—旋转扣件　9—连墙件　10—横向斜撑　11—主立杆　12—副立杆　13—抛撑　14—剪刀撑
15—垫板　16—纵向扫地杆　17—横向扫地杆

4. 实训要求

1）在 1.5h 内完成搭、拆全过程。搭设参与人员数量以 6 人为宜。

2）安排 3 组学生，每组 4 人担任架子工，搭设一组钢管脚手架（需领取工具、劳动装备）。

3）对脚手架搭设进行交底，该项安排 4 名同学担任交底人（需自编交底书，戴安全帽）。

4）搭设脚手架物料机具领取，该项安排 2 名同学担任领料员（需自编物料机具领用清单，戴安全帽）。

5）对搭设脚手架过程进行监护，该项安排 2 名同学担任监护员（需戴安全帽）。

6）对搭设脚手架过程实施监理，该项安排 2 名同学担任旁站监理员（需自编监理检查表，戴安全帽）。

7）对所搭设脚手架进行安全验收并记录，该项安排 4 名同学担任安全工程师，2 人检查，2 人作记录（需自编验收表，戴安全帽）。

8）安排 3 组学生，每组 4 名同学担任架子工，拆除一组钢管脚手架（需领取工具、劳动装备）。

9）实训结束清理场地，归还工具，该项安排 2 名同学（需自编物料机具清点表，戴安全帽)。

10)设安全总监2名,监控作业全过程(需自编检查表,戴安全帽)。

11)纪律要求:①穿防滑鞋和工作服;②留辫子的同学必须把辫子扎在头顶;③作业过程必须戴手套、安全帽,涉及高空作业的必须系安全带。

5. 考核与评价

1)用手机或相机记录搭拆过程(安排1名同学负责全过程跟踪拍照)。

2)评分标准。

① 安全要求(20分):佩戴安全帽、手套,穿工作服,无安全事故发生。

② 团队协作(20分):分工协作,发挥集体智慧。

③ 搭设与拆除要求(60分):符合《建筑施工扣件式钢管脚手架安全技术规范》。

项目小结

本项目具体介绍了高处作业与安全防护,临边作业安全防护,洞口作业安全防护,安全帽、安全带、安全网,职业卫生防护等基本知识,通过本项目的学习,使学生初步了解施工现场安全技术措施和职业卫生防护的要求,初步具有编制施工现场安全措施方案的能力,同时通过学习,提高学生的安全意识,增强其防范能力。

参 考 文 献

[1] 沈春林. 建筑防水设计与施工手册 [M]. 北京：中国电力出版社，2011.

[2] 赵淑萍. 屋面与防水工程施工 [M]. 重庆：重庆大学出版社，2014.

[3] 张涛. 防水工 [M]. 北京：中国劳动社会保障出版社，2015.

[4] 吴波，郭文雄，何山. 管廊建设要关注的十大防水问题 [M]. 北京：中国建材工业出版社，2017.

[5] 中华人民共和国住房和城乡建设部，中华人民共和国国家质量监督检验检疫总局. 屋面工程技术规范：GB 50345—2012 [S]. 北京：中国建筑工业出版社，2012.

[6] 中华人民共和国住房和城乡建设部，中华人民共和国国家质量监督检验检疫总局. 屋面工程质量验收规范：GB 50207—2012 [S]. 北京：中国建筑工业出版社，2012.

[7] 中华人民共和国住房和城乡建设部，中华人民共和国国家质量监督检验检疫总局. 地下工程防水技术规范：GB 50108—2008 [S]. 北京：中国计划出版社，2008.

[8] 中华人民共和国住房和城乡建设部，中华人民共和国国家质量监督检验检疫总局. 城市综合管廊工程技术规范：GB 50838—2015 [S]. 北京：中国计划出版社，2015.